香菇子实体

袋栽香菇

（二）料袋生产工艺

培养料装袋

手工扎口

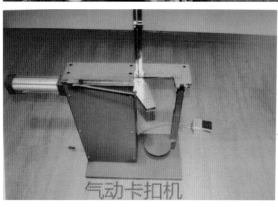

气动卡扣扎口机

料袋集堆

灶台叠袋

常压罩帆灭菌

工厂自动化装袋

蒸汽灭菌柜

料袋排场散热

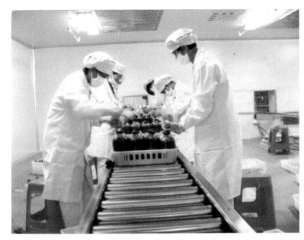

净化间接种

作者杨绍翠观察养菌

室内叠堆养菌

网格墙式
排袋养菌

大棚叠堆
养菌

荫棚罩膜
养菌

6

（四）排场转色

荫棚脱袋排
筒转色

小拱棚脱袋
排筒转色

大棚架排带
袋转色

室内架排带袋转色

作者倪玉善观察出菇

（五）菇场出菇

绿色产地环境

菇棚旁作物遮阴

林地菇棚

工厂化调控菇房外观

园林化菇房

畦床立筒长菇

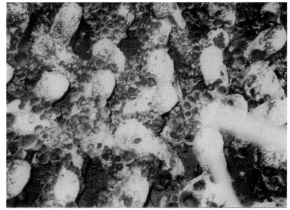

交叉排筒长菇

畦床地排长菇
（陈俏彪供）

11

埋筒覆土长菇

大棚卧筒长菇

菇床安装微喷水带
（林海芳供）

工厂化架层卧
袋长菇
（雷银清供）

工厂化架层两
袋对排长菇

工厂化网格墙
式长菇

13

丁湖广专家指导
疏蕾控株
（李鸿驰摄）

北方日光温
室育花菇

西峡架层带
袋育花菇

河南泌阳小棚育花菇

玉米地间种香菇

香菇菌渣栽培竹荪

香菇菌渣栽培大球盖菇

不同菇场适时采菇

不同菇场适时采菇

干品手工分拣

（1）花菇   （2）光面菇

品种分类

（3）薄菇

（4）菇粒

（5）菇丝

（6）小包装

品种分类

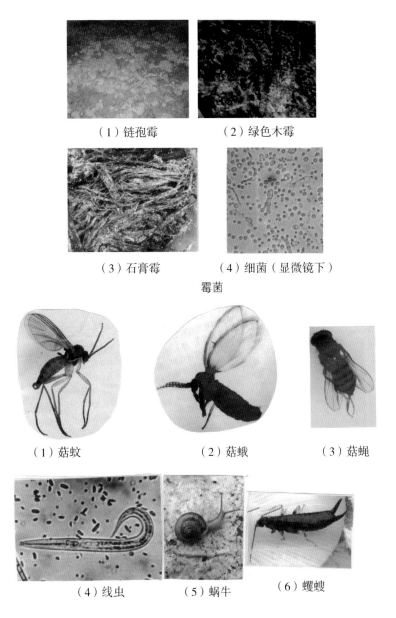

（1）链孢霉　　　　　（2）绿色木霉

（3）石膏霉　　　　（4）细菌（显微镜下）

霉菌

（1）菇蚊　　　　　（2）菇蛾　　　　　（3）菇蝇

（4）线虫　　　（5）蜗牛　　　（6）蠼螋

虫害

（八）工厂化生产配套设备

自动化装袋生产线

大型灭菌器

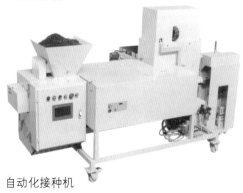

自动化接种机

菌袋刺孔增氧机

菇房生态调控机组

节能环保热泵烘干机

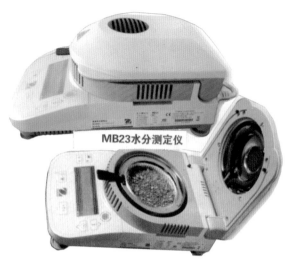

水分测定仪

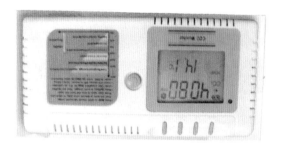

二氧化碳监测仪

菇房智能控制器

香 菇
绿色高优栽培新技术

戴祖进　倪玉善◎主编

海峡出版发行集团 | 福建科学技术出版社
THE STRAITS PUBLISHING & DISTRIBUTING GROUP | FUJIAN SCIENCE & TECHNOLOGY PUBLISHING HOUSE

《香菇绿色高优栽培新技术》编委会

主　任：余新敏

副主任：雷银清　孙淑静

委　员：吴锦彬　吴有钟　郑瑜婷　张奕林　陈淮洁

组编单位：福建省古田县食用菌产业管理局

主　编：戴祖进　倪玉善

副主编：曾信城　叶建洪　戴敏锋　戴志祥　黄清业　林小栋

编著者：（排名不分主次）

　　　　杨绍翠　倪　凯　倪祖欢　陈　通　肖雅蓉　宋采芳

　　　　刘建新　黄清信　黄剑春　张文武　郑仰蒲　郑传强

　　　　郑传勇　戴凌萍　姚锡耀　陈林芳　姚泰旭　陈少奇

　　　　陈少华　倪桂霞　王锦富　倪桂松　钟桂婷　钟剑辉

　　　　罗玉财　戴陈娜　魏智威　陈　伟　陈　东　曾鹏新

　　　　程凤杰　叶锦蕊

主　审：丁湖广

序

　　中国是世界人工栽培香菇的发祥地。千百年来中国人民在香菇生产技术上不断研发创新取得可喜成就，尤其是20世纪80年代福建省古田县发明了袋栽香菇新技术，有效地促进我国香菇生产，产量猛增。

　　香菇是我国传统出口土特产之一。"一带一路"倡议的实施，为中国香菇产品走向世界市场带来了更多的商机。但也应当看到国际市场竞争激烈，各产菇国相应地出台了保护政策，设置许多非关税壁垒，给中国香菇出口带来新的阻力。另一方面随着国家《食品安全法》的实施，广大民众消费理念发生新的变化，绿色健康成为人心所向、大势所趋的时代潮流。

　　我国菌业科研人员以"绿色献给社会，健康留给百姓"为己任，致力于研究香菇绿色高优生产新技术，有效地促进了我国香菇产业不断朝向规范化、标准化、绿色高优栽培方向发展，为中国香菇产业转型升级、不断优化做出积极贡献，值得尊敬。"中国食用菌之都"的古田县，食用菌科研、生产加工和流通，整个产业链形成体系，在绿色行动中应当起领军作用。作为实施"阳光工程"的政府职能部门古田县人力资源和社会保障局，全方位服务地方经济发展，围绕现代农业新技术，着力培养新型农民职业技能，

1

以助力劳动力转移就业。

　　这次由"福建省创业导师"古田县菌业老专家丁湖广高级农艺师牵头，组织省内外长期从事菇业绿色生产研究的科技人员，根据香菇绿色高优生产新技术要求，深入总结国内香菇主产区绿色生产成功经验；针对现有生产中遇到的具体技术难点，进行科学剖析，系统梳理成《香菇绿色高优栽培新技术》。相信它的出版，将有助于各地开展新型农民职业技能培训，进一步推广应用绿色技术，开拓新的创业致富门路，加快经济增值方式的转变，为推进新农村建设，精准扶贫，全面建成小康社会做出积极的贡献，这是我们最大的心愿！

2018 年 12 月

　　注：余新敏系福建省宁德市政协委员、古田县食用菌产业管理局局长

前　言

中国香菇生产历史悠久。20世纪80年代福建省古田县菇农研究成功"香菇袋栽新技术"并获得国家"星火计划"成果金奖，其技术传遍大江南北，有效地促进了我国香菇生产的发展，我国随之一跃成为世界香菇大国。

随着《中华人民共和国农产品质量安全法》的实施，广大民众安全意识日益增强，消费理念发生新的变化；同时也随着对外贸易发展新态势的需求，向往绿色，注重健康，已成为时代潮流。我国菌业科研人员致力于研究绿色栽培技术，取得可喜成就。其关键所在是运用现代机械设备生产料包，智能化调控菇房生态环境，实现周年制生产，生产高质量、高品位、生态安全的高端产品。

实现绿色高优有一条很重要的路径，是实施工厂化生态调控栽培。从国内外食用菌产业诸多品种分析，香菇工厂化周年制生产的进展，较金针菇、杏鲍菇、海鲜菇等品种都慢。因为香菇有其生物特异性，对温、湿、氧、光生态环境的要求较严，因此配套机械设备必须符合香菇种性特殊要求，进行精心设计制造，才能创造所需的生态环境，实现绿色、高优目的。作者创办的企业，从事菇房制冷通风机械设备研究与生产。这次编写《香菇绿色高优栽培新技术》，旨在推动我国香菇产业"绿色行动"，加速发展绿色产品，实现绿色高优生产目标。

本书由我国著名食用菌专家丁湖广高级农艺师牵头，

组织一班从事香菇产业科研和生产人员，广泛收集国内香菇绿色高优栽培的成功经验和生产过程所遇到的技术难题及处理措施，在对各种资料进行全面衡量、逐条对比、去粗取精的基础上，最后编成这本实用技术小册子，希望能为香菇产业发展绿色栽培提供有益的参考。

本书编写过程得到古田县科技局立项研究，县食用菌产业管理局将其列入香菇产业优化升级新型职业农民培训教材给予支持；书中引用各地绿色生产经验和照片，对他们的工作表示崇高的敬意。未能联系上的资料作者书中尚未标名，望予鉴谅！由于编者水平有限，加之时间仓促，书中纰漏之处，敬请专家、读者不吝赐教！

2018 年 12 月

戴祖进，福建省鼎峰制冷通风设备有限公司董事长、总经理，古田县民营科研人才协会常务副会长，中国食用菌商务网《食用菌市场》杂志理事，专业从事现代制冷通风设备的科研与生产，先后为国内多家食用菌企业进行工厂化生产设计和技术指导，发表有关食用菌工厂化栽培生态调控技术论著，在国内外影响甚广。

目　录

第一章

中国香菇产业基础与优化发展必要性

一、中国为世界"香菇王国"

我国香菇人工栽培始于南宋，至今已有 800 年历史。长期以来沿用传统的段木栽培方式，虽然产区遍布南方诸省，但生产发展缓慢，产量徘徊于 4000～5000 吨。自 20 世纪 80 年代福建省古田县菇农彭兆旺研究成功"香菇袋栽新技术"并获国家"星火计划"成果金奖之后，其"星火"迅速燃遍大江南北，使我国香菇生产飞速发展。1990 年 11 月在福州召开的全国香菇专业会议，向全世界宣布：中国香菇产量达到 3 万吨干品，创历史新高。中国第一次压倒日本，成为世界"香菇王国"。

1. 产量猛增

20 多年来，我国香菇产业飞跃发展，据《中国食用菌年鉴》和食用菌商务网等有关统计资料显示：我国香菇产区遍及全国 27 个省（区、市），香菇产量占中国食用菌总产量的 23％。近 10 年香菇产量见表 1-1。

香菇主产区福建、浙江、湖北、江西、湖南、广东、广西。尤其"南菇北移"战略实施后，山东、河南、河北、陕西等省发展较快，甚至东北辽宁变成为优质香菇产地。尤其 2015 年下半年云、贵、陕、甘地区把香菇列为精准扶贫项目加以扶持，发展速度加快。

表 1-1　近 10 年我国香菇产量一览表（鲜品计）

年份	产量（万吨）	年份	产量（万吨）
2008	313.4	2013	667.2
2009	343.5	2014	769.1
2010	354.6	2015	766.7
2011	406.2	2016	724.2
2012	548.6	2017	807.6

2. 出口量上升

随着我国香菇产业发展，香菇出口量增加，产品销往东南亚和欧美等 29 个国家和地区。据《中国食用菌年鉴》和有关统计资料显示，近 3 年我国香菇出口情况见表 1-2。

表 1-2　我国香菇出口情况

商品名称	2015 年		2016 年		2017 年	
	数量（吨）	金额（万美元）	数量（吨）	金额（万美元）	数量（吨）	金额（万美元）
鲜或冷藏菇	20146	6441	17944	5136	17424	4689
干菇	77296	138466	91538	149925	128492	199434

二、国际香菇市场竞争态势与严峻考验

1. 世界香菇市场竞争对手态势

世界香菇产区集中在亚洲一些国家，重点是中国、日本、韩国，形成"三鼎甲"竞争态势。从 1993 年起日本香菇生产逐年走向下坡，由香菇出口国，变成了香菇进口国。韩国历史上没有香菇消费习惯，其生产和食用文化，都源于中国和日本。因资源制约了其菇业的发展。近年来在我国东北 3 省建立菌棒生产基地，出口韩国；同时韩国还向我国进口香菇，满足市场需求，因此韩国的香菇生产已处于竞争的弱势。

目前，全世界香菇总产量中，中国占 85%，日本占 9.3%，韩国占 2.5%，加拿大、美国、墨西哥、巴西、阿根廷、泰国、马来西亚、菲律宾、澳大利亚、新西兰、俄罗斯等国家也有少量栽培，但比例极小。据美国农业部资料，现有香菇农场 142 个，鲜菇总产量 776 万磅，折干品约 700 吨。

2. 中国香菇生产面临新考验

中国香菇出口给世界各产菇国家带来冲击，因此各国相应地出台保护政策，设置了许多非关税壁垒，给中国香菇入境带来新的阻拦。目前，世界各国检测项目越来越多，对农药残留限量标准甚多。据有关部门资料显示：国际食品法典有 2572 项，欧盟有 22289 项，美国有 8669 项，日本有 9052 项，这些都对中国香菇出口产生不利影响。综观进入世贸市场的关卡有"四重壁垒""两把利剑"和"三道门槛"（图 1-1）。

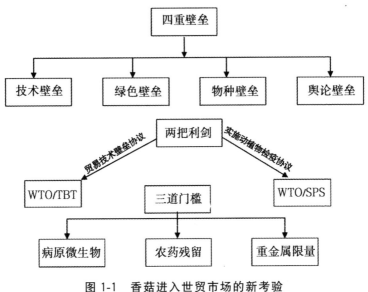

图 1-1 香菇进入世贸市场的新考验

上述"壁垒""门槛"给中国香菇出口带来严峻考验。

三、中国香菇产业转型升级发展目标

我国香菇生产从南到北蓬勃发展，成为山区建设的民生工程，列为国家精准扶贫的好项目。浙江省丽水市以香菇为主的从业人员达 31.5 万人，全市年栽培量 5 亿～6 亿袋。湖北省远安县年栽培香菇 1 亿多袋，产值 8 亿元，人均收入 4000 元，占农民人均纯收入的"半壁江山"。东北辽宁省岫岩县牧牛镇益临村，发挥北方独特气候优势，进行反季节栽培香菇，全村 1000 多户农民投产，人均收入 2.5 万元，被评为"一村一品示范村"。该村香菇生产带头人姜百秋，获得"辽宁省劳动模范""北京奥运会农民火炬手"等荣誉。

在看到我国香菇产业强劲发展的同时，面对国外设置的许多"门槛"，以及国内随着《国家食品安全法》的实施，民众消费理念发生新变化，"向往绿色、注重安全"已形成新时代要求。现在超市上贴有"绿标"的产品，虽然价格高于常规产品1~2倍，但消费者乐意接受，理由是吃得健康，这已人心所向、大势所趋。

香菇生产处于大环境和小环境之中，需要特定的原料及生产管理。大环境也可称为产地环境，指生产所在地的整个大环境质量，如大气质量、水源、土壤状况等；小环境也可称为生产环境，是指生产过程场所的环境卫生和质量状况。从各地产区现有生产过程分析，香菇有害物质的污染源主要有三方面：①生产环境污染，包括水源污染、土壤污染、气体污染和灰尘污染。②栽培过程污染，包括培养料污染、栽培容器污染、生产管理各个环节中的污染。③加工过程污染，主要是鲜菇采收污染、生产工艺过程污染、操作员工污染、加工燃料污染、技术规程污染、储藏运输污染。这些污染源都会造成香菇产品的食品安全质量不达标。

1. 时代赋予香菇产业新定位

为使中国香菇金牌永亮，我们必须开阔视野，看到当今时代潮流，以及经济全球化不断深入的大背景下国际国内市场发生的深刻变化。香菇产业必须面对产业现状，制定与时俱进的新定位，应在现有"速生高产"的基础上向"绿色、优质、高效、生态、安全"方向发展，进一步优化产业结构，提升产品档次，努力实现科学发展、跨越发展。

2. 林菇和谐确保资源持续不断

香菇为木腐菌，栽培原料主要是杂木屑。应当理性认识林菇关系。随着国家生态林保护工程的实施和密度板等工业的发展，香菇产区林菇矛盾日益突出。正确认识和妥善处理林菇关系，是有效解决香菇产业可持续发展的根本。长期实践表明，菇与林是相辅相成，森林孕育香菇，香菇反哺森林。菇是森林之子，是大自然安排森林对人类经济回报的一种方式和重要贡献。千百年来山区农民"靠山、养山、吃山"砍树种菇作为一种谋生手段，成为改变山区经济面貌、农民脱贫致富实现小康的主要门路。

香菇老产区的河南西峡，年栽培香菇 5000 万袋，产出香菇 1.2 万吨干品，产值 8 亿元，占农民总收入 43.2%。该县林菇矛盾也曾一度风波，民众呼声强烈。为使香菇产业持续发展，解决民生问题，该县通过调查、论证，提出实施"三大转变"战略：一是加强生产基地标准化建设，由粗放型生产向节能环保型转变；二是充分发挥西峡香菇产业优势，由生产型向加工主导型转变；三是大力发展菌材替代草和速生薪炭林，由消耗型向循环型转变。"三大转变"战略的实施，有力地促进西峡香菇持续稳定发展。近年全县建成香菇专业村 110 个，标准化基地 173 处，带动20 万农民种菇致富，香菇出口创汇每年超 6000 万美元。

3. 瞄准绿色高优发展目标

中国香菇产业发展到今天这个地位，面对时势新要求，必须加快步伐转型升级，瞄准绿色高优栽培方向，才能持续发展。

（1）绿色高优含义

绿色产业是遵循可持续发展原则，按照特定的生产环境和生产方式，产品优质，是生态安全的高端商品；实现资源优化，经济增长方式转变，生态与经济和谐发展，取得转型的经济效益和公众食用安全健康的社会效益。

（2）绿色生产标准

严格执行 NY/T391～394 绿色食品产地环境质量、食品添加剂使用准则、农药使用准则、化肥使用准则和 NY/T749—2018《绿色食品 食用菌》标准，国家标准化委员会 GB/Z26587—2011《香菇生产技术规范》标准，GB2762—2012《食品安全国家标准 食品中污染物限量》，以及国家食品药品监督管理局令第 16 号《食品生产许可管理办法》SC 认证。绿色食品由国家农业农村部绿色食品发展中心审批，产品标志为"绿色食品"图标。

（3）绿色高优经济标准

以现有常规 15 厘米×55 厘米的栽培袋，每袋装料量 750～800 克，产量 800～900 克；生物转率达 100%～110%；产品鲜菇均价 20～26 元/千克，比常规价格提高 100%～120%；袋均利润 10 元以上，比常规增加利润 1～2 倍。

第二章　香菇绿色高优栽培基本条件

一、掌握香菇生物学特性

1. 学名及分类

学名：*Lentinula edodes*（Berk.）Pegler

别名：香蕈、香菌、香菰、花菇、冬菇。

英文名：shiitake，forest mushroom，xiang-gu mushroom

香菇在分类上属于伞菌目侧耳科香菇属。

2. 香菇生活条件

香菇生长发育过程需要营养物质和相适应的生态环境条件，包括温度、水分、空气、光照、pH值。

（1）营养

营养是香菇整个生命过程的能量源泉，也是产生大量子实体的物质基础。丰富全面的营养是实现香菇高产优质的保证，其生长发育所需要的营养，主要依靠分解吸收培养料中的养分，香菇能利用广泛的碳源及矿物质营养。据《中国食药用菌学》论证，香菇菌丝营养生长阶段碳氮比保持在（25～40）∶1；进入生殖生长阶段，最适宜的碳氮比是（63～73）∶1。如果氮源过多，营养生长旺盛，子实体反而难以形成。

（2）温度

香菇为低温和变温结实性的菌类，温度对整个生长发育有着重要的影响，但在不同的生长发育阶段，所需要的温度也不一样。菌丝生长适宜的温度范围较广，一般为 5～32℃，其中以 23～27℃ 为最适宜。这个阶段比较耐低温，在 -8℃ 的条件下，经 1 个月也不死亡；但不耐高温，超过 32℃ 停止发育，40℃ 以上死亡。原基分化温度 8～21℃，而 10～12℃ 分化最好。原基形成子实体最适温度为 20℃，子实体生长温度 5～24℃ 均可，但以 15℃ 左右为最适。子实体发生时要求温度较低，发生之后适应性较强，即使处于较高或较低的温度下也能生长发育。低温和变温刺激，有利子实体发生。在恒温的条件下原基不形成菇蕾。冬季长菇期，如昼夜温差 ±10℃，出现花菇就多。

（3）水分

水分是香菇生命活动的物质基础。水分包括培养基含水量和空间相对湿度。香菇菌丝生长发育阶段，培养基的含水量以 60% 为适，空气相对湿度 70% 以下为好。长菇阶段培养基含水量保持不低于 50%，空气相对湿度最好在 85%～90%。水分对香菇生长影响较大，菌丝生长阶段如果培养基内含水量偏大，影响呼吸致使生长不良，且容易滋生霉菌。出菇期间如果培养基含水量长期低于 45%，子实体生长迟缓，甚至停止发育；若空气相对湿度长时间高于 90%，往往发生病害而导致烂菇。

（4）空气

香菇属于需氧生物，好气性菌类。如果环境空气不流通，氧气不足，二氧化碳积累过多，就会抑制香菇菌丝和子实体的生长。空气中二氧化碳的含量为 0.03% 尚为正常。如果二氧化碳浓度达到 0.1% 以上时，菇体生长受到侵害，出现畸形；同时空气污浊还会使杂菌滋生蔓延。因此，栽培场所要求通风，保持空气新鲜。

（5）光照

香菇菌丝生长阶段无需光线，在黑暗的条件下能正常生长，但不能形成子实体。长菇期需要散射光线，一般光照度500勒为适。如果光线不足，则出菇少、菌柄长、朵形小、色淡、质量差。但强烈的直射光，会抑制甚至晒死菌丝和子实体。因此，野外菇场既要给予一定的光线，又要有适当的遮阴条件，通常以"三分阳、七分阴，花花阳光照得进"为适。

（6）酸碱度（pH值）

香菇菌丝生长要求偏酸性的环境，酸碱度在3～7均能生长，而以pH4.5～6.0较为适宜。但长菇期喷洒用水、菌筒浸水要注意水质，切忌偏碱性；防治病虫害时，最好也不使用碱性药剂。

香菇对生态环境条件的要求，是相互关联的，从菌丝生长到子实体形成的过程中，可归纳为：温度先高后低，湿度先干后湿，光线先暗后亮。这些条件是互相联系又互相制约的。

二、绿色高优生产管理体系与准则

1. 香菇绿色高优生产管理体系

根据香菇绿色高优技术全流程标准化的要求，制订生产管理体系（见图2-1）。

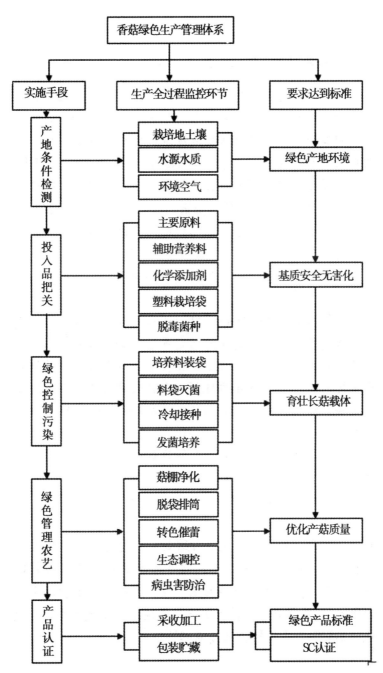

图 2-1 香菇绿色生产体系构建示意图   11

2. 香菇绿色高优生产管理准则

香菇可作为高级的绿色营养品，这是毫无疑义的，但问题在于香菇生产全过程，包括制种、栽培及加工，具有广泛的多样性；而目前却缺乏标准的操作规程来保证产品的高质量和可溯性。因此，香菇产品没有持久的公信力，迫切需要在科学验证的支撑下，改进质量控制，以维持和增强消费者信心，保护公众健康。以下5个"G"已被提议作为基于子实体高质量食用菌产品的生产管理准则。香菇产业科学发展、跨越发展，必须实施这个准则。

（1）GLP（良好实验室管理规范/Good Laboratory Practice）

菌种的来源和特性必须登记明确，并妥善保藏，以免污染或变异。野外采集的种菇必须进行随机抽检，因为子实体能积累重金属、放射元素和其他来自生长环境的潜在有害污染物。由于不同菌株间存在遗传多样性，因此，不同实验室检测名称相同的品种，所获得的比较数据要求正确性。

（2）GAP（良好农业生产管理规范/Good Agricultural Practice）

香菇产业化栽培中，生长和收获环境必须严格规定：生产基质和相关辅材料（含覆土）都不应含有重金属。各种成分的含量水平，要明确并维持在一定水平；制定物理生长参数（如温度梯度、相对湿度和光照度），保持良好的卫生条件（如应远离污染的水、空气，远离微生物污染和害虫源）。这些规范不仅对于产品的质量安全很重要，而且往往会影响所需生物活性物质的产量。

（3）GMP（良好作业规范/Good Manufacturing Practice）

良好作业规范或是优良制造标准，是一种特别注重在生产过程中实施对产品质量与卫生安全的自主性管理制度。它是一套适用于食品等行业的强制性标准，要求企业从原料、人员、设施设备、生产过程、包装运输、质量控制等方面，严格执行国家有关法规，达到卫生质量标准要求，形成一套可操作的作业规范，帮助企业改善卫生环境，及时发现生产过程中存在的问题，加以改善。简要地说，GMP 要求食品生产企业应具备良好的生产设备、合理的生产过程、完善的质量管理和严格的检测系统，确保最终产品的质量符合法规要求，这是香菇生产与加工企业必须达到的最基本条件。

（4）GPP（良好产后管理规范/Good Post-formulation Practice）

应当进行恰当的化学和微生物分析，以确保各种类型的化学污染（如重金属）和微生物污染，均处于安全的范围之内。市场上各种产品的主要活性成分的最佳存储条件及与其稳定性有关的数据应测定明确，以确定这些主要成分随着时间推移的变质率（保质期），从而确定合适的产品保质日期。

（5）GCP（良好产品功能试验管理规范/Good Clinical Practice）

对精深加工产品，如香菇多糖、香菇抗肿瘤胶囊等产品，应长期进行测试研究在内的高质量临床试验，以使人确信产品有其所声称的生物活性与功效，并促进产品配方的改进，食疗保健上的科学食用，确定有效保证身体健康的合适剂量。

三、绿色高优标准化生产核心技术

香菇绿色高品位标准化生产的核心技术，应以 NY/T749—2018《绿色食品　食用菌》为基准，按照 GB/Z26587—2011 国家标准化指导性技术文件《香菇生产技术规范》的基本要求实施。其标准化生产核心技术如下。

1. 原辅材料选择"四不得"

香菇为木腐生菌，主要原料为锯木屑、作物秸秆等，同时附些添加剂。原材料要求"四不得"，即不得使用转基因作物的秸秆及籽壳，不得使用受污染的木料和锯木屑，不得使用有含激素、抗生素和化工产品饲养的畜禽粪便，不得使用在运输过程受有毒有害物质污染的原辅材料。

2. 产地环境条件"六要求"

香菇绿色高优栽培的产地环境，应严格执行 NY/T391—2013《绿色食品　产地环境质量》标准，具体要求如下。

（1）产地

产地（包括栽培场地、养菌室、房棚及加工车间）必须距离畜禽舍、厕所、医院和居民区 300 米以上。如是农田必须用非多年生作物轮作。

（2）土壤

土壤（含覆土用的材料）不得含天然或人工合成性高的硝酸盐、磷酸盐、氯化物等物质，重金属元素不得超出 NY/T391—2013《绿色食品　产地环境质量》标准。

（3）物理设施

在培养室和栽培房棚，加工车间门口要密封；通风窗安装 20 目/厘米² 纱网，与非有机场地设隔离带，无污水流过。场地采取先翻土晒白，后灌水排干整平夯实。

（4）空气大气层

空气大气层无污染，环境空气质量应符合 NY/T391—2013 质量标准规定。

（5）水源

水源无污染，水质符合 GB5749 生活饮用水标准及 NY/T391—2013 中的水质标准。

（6）茬口

茬口必须合理轮作，隔断中间转播寄主，避免重茬病害。

3. 基质生产工艺"五到位"

香菇栽培长菇的载体培养基是熟料，袋栽。绿色高优栽培的载体基质要符合 NY/T1935《食用菌栽培基质质量安全要求》，生产工艺必须"五到位"。

（1）生产季节安排到位

栽培季节要求"三对准"：①对准当地气候、海拔，因地制宜认定最佳接种期。②对准种性温型特征，选好对路菌种。③对准接种期为界线，提前 3 个月制种，确保不误栽培季节。

（2）培养基配制到位

培养基配制要求"四合理"：①配方合理，主料一般掌握 80％～85％，辅料（麦麸或米糠）15％～18％。②碳氮比（C/N）合理，一般 25：1。③含水量合理，一般 60％左右。④pH 合理，灭菌前 pH 值 6～7，不超 8 为适。

（3）基质灭菌到位

培养料常压灭菌要求"三达标"：袋料进灶点火后 5 小

时内上 100℃，灭菌时间 100℃保持 18～24 小时；灭菌达标后料袋及时卸灶疏排散热。

（4）接种无菌操作到位

接种坚持"四严格"：严格掌握料温 28℃ 以下方可接种，严格执行物理灭菌，如紫外线、臭氧等，严格按照无菌操作规程接种，严格接种后清残，防止交叉污染。

（5）发菌培养管理到位

接种后菌袋进入发菌培养，强调"五必须"：发菌室必须清洁卫生，事先进行物理消毒灭菌处理；门窗必须安装纱网遮阳，避光养菌；发菌期必须干燥，空气相对湿度不超 70%；控温养菌，温度必须掌握在 23～25℃，防止烧菌；管理必须勤翻袋检查，发现污染及时隔离处理。

4. 出菇管理园艺"五控制"

要实现香菇产品达到绿色标准，在子实体生长阶段必须做到"五控制"。

（1）控制菌丝生理成熟度

根据不同温型种性，其所需的培养时间，掌握菌丝生理成熟，即防止逾期菌丝过熟，袋内分泌物淤积，引起烂筒。

（2）控制菇蕾布局

幼蕾发生后及时进行选蕾、疏蕾，使养分集中输送至选定的菇蕾上，促进健康茁壮发育成长。

（3）控制最适温度

无论什么菌株，其子实体生长期所需温度一般比长菇期低 3～5℃，有利正常生长；超过该种性温度极限范围时，就会导致子实体生长受阻，且会引起烂菇。

（4）控制空间湿度

长菇期用水量较大，空间相对湿度一般 85％～95％。但喷水不宜过量，以免引起霉菌污染。长菇喷水禁用池塘水、稻田水、污染水。

（5）控制光照和空气

创造长菇相适应的生态环境，尤其是光照度要有 300～500 勒；注意菇棚通风更新空气，促使菇体正常生长，避免畸形菇和烂菇发生。

5. 病虫害防治"三强调"

（1）强调以防为主

高度重视"以防为主，防害于治"的方针。严格按照绿色栽培的产地环境，原材料基质生产工艺、接种发菌、长菇管理各个环节规范操作，从源头杜绝病虫害。

（2）强调壮菇抑害

培养好菇体，自身茁壮，抑制病虫害的侵袭。在大型菇场中，种一些有特殊气味的驱虫菇菌，以菇驱虫。如竹荪含有异香，害虫闻味即飞。

（3）强调执行用药法规

严格按《中华人民共和国农药管理条例》，推行使用生物制剂和生化制剂。在万不得已下使用化学农药时，严格执行 NY/T393—2013《绿色食品　农药使用准则》规定，做到"三注意、一禁止"（注意对症下药、注意浓度与剂量、注意规范操作，禁止在原基形成至子实体生长期使用任何一种农药），确保产品质量安全。

6. 产品安全加工"六把关"

香菇产品加工包括保鲜、干制和即食品，要求做到

"六把关"。

（1）成熟采收关

鲜菇八成熟采收，保持完好形态，无霉烂、无虫害、不粘泥沙。

（2）机械设备关

采用结构精密的脱水烘干机，并认真检查运行状况，避免机械管道漏气，污染菇体。

（3）操作规范关

加工过程应符合 GB14881 的要求，严格按照 NY/T1204《食用菌热风脱水加工技术规范》操作。产品级别清楚，做到"四无"（无含硫、无杂质、无烤焦、无异味）。

（4）卫生质量关

产品卫生质量应达到 NY/T749—2018《绿色食品　食用菌》规定的卫生标准。

（5）包装储运关

包装材料应符合 NY/T658《绿色食品　包装通用准则》和 NY/T1056《绿色食品　贮藏运输准则》，仓储运输无污染。

（6）产品认证关

按照绿色食品食用菌品位，归口申报。经颁证机构确认，并批准获得专用标志。

四、绿色高优栽培生产设施质量

1. 绿色产地质量标准

香菇高品位栽培的场地生态环境，应按 NY/T391—2018《绿色食品　产地环境质量》的要求，生产基地应远离工矿区和公路铁路干线，避开工业和城市污染源的影响，在 5 千米以内无矿企业污染源，3 千米之内无生活垃圾堆放和填埋场、无工业固体废弃物及危险废弃物堆放和填埋物等。绿色生产基地重点检测土壤、水源水质和空气质量。

（1）土壤质量标准

现行香菇栽培方式是露地排筒或畦床覆土，都离不开土壤，因此香菇绿色栽培，土壤质量要求严格。土壤耕作方式分为旱田和水田两大类，每类又根据土壤 pH 值的高低分为 3 种情况，绿色食品产地各种不同土壤中的各项污染物含量不应超过表 2-1 所列的限值。

表 2-1　绿色产地土壤各项污染物不超指标要求

（毫克/千克）

耕作条件	旱田			水田		
pH	<6.5	$6.5\sim7.5$	>7.5	<6.5	$6.5\sim7.5$	>7.5
镉（Cd）	$\leqslant0.30$	$\leqslant0.30$	$\leqslant0.40$	$\leqslant0.30$	$\leqslant0.30$	$\leqslant0.40$
汞（Hg）	$\leqslant0.25$	$\leqslant0.30$	$\leqslant0.35$	$\leqslant0.30$	$\leqslant0.40$	$\leqslant0.40$
砷（As）	$\leqslant25$	$\leqslant20$	$\leqslant20$	$\leqslant20$	$\leqslant20$	$\leqslant15$
铅（Pb）	$\leqslant50$	$\leqslant50$	$\leqslant50$	$\leqslant50$	$\leqslant50$	$\leqslant50$
铬（Cr）	$\leqslant120$	$\leqslant120$	$\leqslant120$	$\leqslant120$	$\leqslant120$	$\leqslant120$
铜（Cu）	$\leqslant50$	$\leqslant60$	$\leqslant60$	$\leqslant50$	$\leqslant60$	$\leqslant60$

生产绿色食品时，其土壤肥力作为参考指标（见表 2-2）。

表 2-2　绿色产地土壤肥力分级参考指标

项　目	级别	旱地	水田	菜地	园地	牧地
有机质 （克/千克）	Ⅰ	>15	>25	>30	>20	>20
	Ⅱ	$10\sim15$	$25\sim25$	$20\sim30$	$15\sim20$	$15\sim20$
	Ⅲ	<10	<20	<20	<15	<15

项 目	级别	旱地	水田	菜地	园地	牧地
全氮 （克/千克）	I	>1.0	>1.2	>1.2	>1.0	—
	II	0.8~1.0	1.0~1.2	1.0~1.2	0.8~1.0	—
	III	<0.8	<1.0	<1.0	<0.8	—
有效磷 （毫克/千克）	I	>10	>15	>40	>10	>10
	II	5~10	10~15	20~40	5~10	5~10
	III	<5	<10	<20	<5	<5
有效钾 （毫克/千克）	I	>120	>100	>150	>100	—
	II	80~120	50~100	100~150	50~100	—
	III	<80	<50	<100	<50	—
阳离子 交换量 （微克/千克）	I	>20	>20	>20	>20	—
	II	15~20	15~20	15~20	15~20	—
	III	<15	<15	<15	<15	—

（2）水源水质标准

香菇绿色生产的地表水环境执行 GB2B1 标准，子实体生长喷洒用水，其水质必须定期进行测定，应符合国家 GB5749《生活饮用水卫生标准》和 NY/T391—2013 绿色食品生产用水标准的要求，见表 2-3。

表 2-3　绿色产地用水质量标准

项目	指标
氯化物（毫克/升）	≤250
氰化物（毫克/升）	≤0.5
氟化物（毫克/升）	≤3.0
总汞（毫克/升）	≤0.001
总砷（毫克/升）	≤0.05

项目	指标
总铅（毫克/升）	≤0.1
总镉（毫克/升）	≤0.005
六价铬（毫克/升）	≤0.1
石油类（毫克/升）	≤1.0
pH 值	≤5.5～8.5

（3）空气质量标准

绿色食品产地空间要求大气无污染，执行 NY/T391—2013 标准，主风向上方 20 千米以内无污染源。产地大气层空气质量指标要求不超表 2-4。

表 2-4　绿色产地环境空气质量标准

项　目	指标	
	日平均	1 小时平均
总悬浮颗粒物（标准状态）（毫克/米³）	≤0.3	—
二氧化硫（标准状态）（毫克/米³）	≤1.5	≤0.5
二氧化氮（标准状态）（毫克/米³）	≤0.08	≤0.2
氟化物（微克/分米³）	≤7.0	≤0.2

注：日平均指任何一日的平均指标；1 小时平均指任何一小时的指标。

2. 绿色栽培房棚条件

香菇栽培房棚，分为菌袋培养室和出菇棚两类。两者在条件上有较大差别，总体要求应符合 NY/T391—2013《绿色食品　产地环境技术要求》和香菇生理生态环境条件的需要。具体条件如下。

（1）菌袋培养室要求

专业性工厂化生产的企业，应专门建造菌袋培养室，民间可利用民房养菌或在野外干燥场地搭盖塑料棚发菌。标准培养室必须达到以下要求（见表2-5）。

表 2-5　菌袋绿色培养室基本条件

项目	基 本 条 件
远离污染区	培养室至少 300 米以内无食品酿造工业、禽畜舍、垃圾（粪便）场、水泥厂、石灰厂等扬尘厂场；还得远离公路主干线、医院和居民区。防止生活垃圾、有害气体、废水和人群过多，造成香菇污染
结构合理	培养室应坐北朝南，地势稍高，环境清洁；室内宽敞，一般 32～36 米^2 面积为适。培养室内搭培养架床 6～7 层，栽培 1 万袋香菇其菌袋培养室需 125 米^2。室内墙壁刷白灰，门窗对向能开能闭，并安装每厘米 20 目的尼龙窗纱防虫网；设置排气口，安装排气扇
生态适宜	室内卫生、干燥、防潮，安装控温和通风设备。空气相对湿度低于 70%；遮阳避光，控温 23～28℃，空气新鲜
无害消毒	选用无公害的气雾消毒剂，使之接触空气后迅速分解或对环境、人体和菌丝生长无害，又能消灭病原微生物
物理杀菌	室内装紫外线灯照射或电子臭氧灭菌器等物理消毒设备，取代化学物质杀菌

（2）子实体生长房棚要求

香菇子实体生长房棚，统称菇棚。按照绿色高优生产标准，其生态环境技术要求见表2-6。

表 2-6　　菇棚绿色生态技术要求

项目	生态环境技术要求
结构合理	菇棚要求能保温、保湿,具有抗御高温、恶劣天气的能力,合理的空间和较高的利用率;结构固定安全,操作方便,经济实用。采用竹木作骨架;棚顶的经纬木竹条绑紧扎实,四周内用塑料薄膜,中间塑料泡沫板,外盖黑色薄膜。棚顶开通窗,顶上铺上茅草、树枝等遮阳物,形成"三阳七阴"的环境。菇棚北面、西面和围物要厚些,以防御北风和西北风。菇棚大小视场地而定,菇棚长向两端开 2 个对向门窗,有利空气对流
场地优化	场地背风向阳,地势高燥,排灌方便,水、电源充足,交通便利,周围无垃圾等乱杂废物。菇棚周围可种株叶茂盛的高大植物,以阻拦尘埃。固定性的棚旁可栽藤豆、猕猴桃、金银花、佛手瓜或其他藤蔓茂盛的作物,覆盖遮阳,又可增收
土壤改良	覆土栽培香菇的菇棚,土地必须进行深翻晒后,灌水、排干、整畦。采用石灰粉或喷茶籽饼、烟茎等生物剂,取代化学农药消毒杀虫
水源洁净	水源要求无污染,水质清洁,最好采用泉水、井水和无污染源、溪河流畅的清水,不得使用池塘水、积沟水
茬口轮作	不是固定性的菇棚,应采取一年种农作物,一年栽香菇,稻菇合理轮作,隔断中间传播寄主,减少病虫源积累,避免重茬加重病虫为害
物理防虫设备	菇棚配备物理防虫杀虫和动感黏虫板

（3）适用栽培房棚选择

香菇子实体生长房棚类型较多，各产区应根据生产规模和当地自然气候条件，选择性取用。

①现代化温室。温室栽培香菇科技含量高，是实施工厂化绿色生产高品位香菇的理想设备。现代化温室全天候正常作业的环境控制设备，包括加温、降温、遮阳、微喷增湿、计算机控制等配套生产线。

温室采用计算机控制系统，由气象检测、微机、打印机、主控器、温湿度传感器、控制软件等组成。系统功能可自动测量温室的气候和土壤参数，并对温室内配置的设备实现现代化运行自动控制，如开窗、加温、降温、光照、喷雾、环流等。

②专业性塑料大棚。香菇专业性大棚可以利用农业保护地设施，一般蔬菜大棚均可利用，在选择上注意质量和适用性。

规范化塑料大棚见图 2-2。

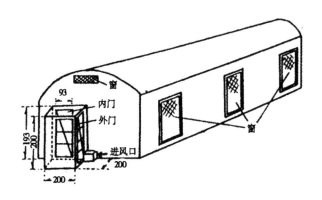

图 2-2　规范化塑料大棚（单位：厘米）

③农村常用房棚形式。随着香菇产业的发展，南北产区根据当地气候特点建造了多种形式的菇房。

屋式菇房：屋式菇房为砖木结构或钢筋混凝土结构，宽畅明亮。菇房宽 4 米，高 4 米，长 10 米。前后开两扇对向房门，门上各开 1 个通风窗，安装玻璃门；也可在房门两侧各开两个通风窗，有利通风换气和引进光线，门窗安装细度尼龙纱，防止蚊、虫、蝇侵入。房内设排袋架 5～6 层，菌筒卧排于架床上。也可仿杏鲍菇工厂化生产，房内设多列排袋网墙，中间为走道，排袋网格采用防锈铁丝制成网格框格（15 厘米×15 厘米）。香菇菌筒卧排于框格内，高度 20 筒形成菌墙立体栽培。

拱式菇棚：拱式塑料菇棚，以每 5 根竹竿为一行排柱，中柱 1 根高 2 米，二柱 2 根高 1.5 米，边柱 2 根高 1 米。排竹埋入土中，上端以竹竿或木杆相连，用细铁丝扎住，即成单行的拱形排柱。排柱间距离 1 米，排柱行数按所需面积确定。拱式菇棚见图 2-3。

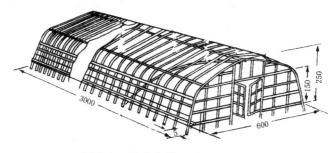

图 2-3 拱式菇棚（单位：厘米）

简易菇棚：南方香菇主产区，大面积野外搭建简易菇棚栽培香菇。其做法如下。

畦床整理。选择水稻收成后的田地，提前排干水分，清除稻苑和杂物,然后进行翻耕、晒白,开沟整畦作菇床。床面宽 1.4 米,畦高 20 厘米,长 10～15 米,两畦间距离 50 厘米。中间开浸水沟,宽 60 厘米,深 60～80 厘米,长 6 米,沟边及沟底要夯实,使用时另铺薄膜。菇床泥土必须浅翻 10～15 厘米,沟内挖出泥土堆在畦面上。虫蚁、蚯蚓较多的地方,应浅灌油茶饼浸出液,杂菌多的土壤,可用来苏儿或石灰喷洒消毒。待畦面土壤晒干后打碎,整理成畦床。

搭排筒架。在畦床两侧每隔 2.5 米各钉木桩一根,露出地面 30 厘米。在木桩与畦面平行放竹竿或小木条,并加以固定。在木桩上每隔 20 厘米钉一条 8 厘米长铁钉,依次横架 1.5 米长竹竿。畦床供靠放菌筒用,每行可排放 10 筒;畦旁架设拱形竹条,供盖薄膜,创造出菇小气候环境。每 667 米^2 面积可排菌筒 8000～10000 条。

设遮阴棚。棚高 2～2.5 米,用直径 10 厘米竹或木作支柱,柱间距 4 米,直距 3 米,上用直径 8 厘米毛竹作横梁;棚顶排竹竿扎牢,并加盖竹枝、树枝、茅草等作遮阴物;四周草帘作为防风物。每棚需用毛竹 4000 千克,茅草 2500 千克。

凹陷式罩膜棚:在闽、浙、赣山区冬季寒冷期长,不利香菇子实体生长,菇农自创一种下陷式罩膜棚,寒冬照常长菇。

凹陷式畦床的两端通向畦外,用薄膜控制内外通风。凹畦底面应做成龟背形,以利于排出畦面的积水,畦床上罩盖黑色塑料膜。此种菇棚,成本低廉,操作方便,菇农易于接受;在低温期保温性较好,有利于提高冬季和早春香菇产出率。凹陷式菇畦见图 2-4。

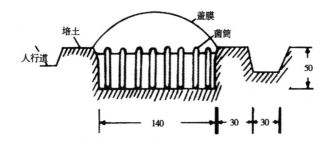

图 2-4 凹陷式菇畦横断面示意图（单位：厘米）

五、绿色高优长菇载体安全保证

香菇绿色高优栽培的长菇载体是营养袋，其培养基的质量安全性，包括原料选择、辅料要求、添加剂限量，以及塑料袋质量的标准。

1. 绿色栽培原料要求

香菇培养料的原料，主要以含木质素和纤维素的农林业下脚料，并辅以农业副产品的麦麸或米糠等。栽培原料应按照 GB/Z 26587—2011《香菇生产技术规范》标准执行。下面详细介绍适于香菇生产的几类原料。

（1）适生树木屑

适用于香菇培养料的树木种类为常绿阔叶树，其营养成分、水分、单宁、生物碱含量的比例及木材的吸水性、通气性、导热性、质地、纹理等物理状态，适于香菇菌丝生长。我国南北省区有大面积果树，每年修剪枝丫数量众多，这些可以充分利用。而在南方蚕桑产区，每年桑树剪枝量大。据化验，桑枝含粗纤维 56.5%、木质素 38.6%，以及可溶性糖、蛋白质等，含氮量明显高于木屑，可收集作为香菇生产原料。

此外，伐木场、锯木厂、木器厂等碎屑，都可以收集作为香菇栽培的培养料。在收集杂木屑时，应注意以下两方面。

①剔除含抗菌性木屑。含有油脂、脂酸、精油、醇类、醚类及芳香性抗菌或杀菌物质的树种，如松、柏、杉、樟、洋槐等不宜直接取用，必须经过技术处理，排除有害物质后方可使用。

②草酸浸泡木屑不适用。木器加工厂所采用的树种多为优质杂木，如栲、槠、栎等，用于加工螺丝刀柄、刷柄等，其材质坚实，有利于种菇，可以收集利用。但厂方为了防止木料变形，采用草酸溶液浸泡木材，然后再经过烘烤定型。这样的边材碎屑，由于养分受到破坏，用于栽培香菇对产量有影响。

（2）农作物秸秆

我国农村每年均有大量的农作物秸秆、籽壳，如棉籽壳、玉米芯、葵花籽壳、黄麻秆、大豆茎秆、甘蔗渣等，这些下脚料过去大都作为燃料，或堆放田头腐烂。这些秸秆是栽培香菇的原料之一，而且营养成分十分丰富，有的比木屑还好。

（3）野草类

野生草本植物都富含菇类生长所需的养分，可用来栽培香菇。常用的类芦等，是香菇栽培可利用的一种好原料。

2. 辅助营养料

辅助营养料，包括碳源辅料、氮源辅料和矿质添加剂 3

种，常用有以下品种。

（1）麦麸

麦麸是小麦籽粒加工面粉时的副产品。市场上有的麦麸掺杂，购买时先检测，可抓一把在掌中，吹风检验，若混有麦秆、芦苇秆等，一吹易飞，且手感不光滑、较轻。麦麸的质量要求足干，不回潮，无虫卵，无结块，无霉变现象。

（2）米糠

米糠是稻谷加工大米时的副产品，也是香菇生产的氮源辅料之一，可取代麦麸。它含有粗蛋白质 11.8%，粗脂肪 14.5%，粗纤维 7.2%，钙 0.39%，磷 0.03%。其蛋白质、脂肪含量高于麦麸。选择时要求用不含谷壳的新鲜细糠，因为含谷壳多的粗糠营养成分低，对产量有影响。米糠极易滋生螨虫，宜放干燥处，防止受潮。

（3）玉米粉

玉米粉因品种与产地的不同，其营养成分亦有差异。在培养基中加入 2%～3% 的玉米粉，增加碳素营养源，可以增强菌丝活力，产量显著提高。

3. 栽培基质安全把关

香菇栽培原辅料及添加剂，应符合 NY/T392—2013《绿色食品　添加剂使用准则》和 NY/T1935《食用菌栽培基质质量安全要求》，具体严格把好以下"四关"。

①采集质量关：原材料要求新鲜、无霉烂变质。

②入库灭害关：原料进仓前烈日暴晒，杀灭病原菌和虫害、虫蛆。

③储存防潮关：仓库要求干燥、通风，防雨淋、防潮湿。

④堆料发酵关：原料使用时，提前堆料暴晒，有利杀灭潜伏在料中的杂菌与虫害。经灭菌后的基质需达到无菌状态，不允许加入农药拌料。

4. 塑料袋规格质量标准

（1）栽培袋规格

香菇栽培袋规格，各产区常用以下 2 种规格（袋折径宽×长×厚），大面积露地排筒和覆土栽培的常用规格 15 厘米×55 厘米，厚度为 0.04～0.05 毫米；架层培育花菇的常用 17 厘米×55 厘米袋，也有的产区采用 20 厘米袋，河南泌阳采用 25 厘米大袋。其中 15 厘米袋（周长 30 厘米，装料后料筒直径 9.5 厘米），袋长 55 厘米，装料量适中，有利彻底灭菌，而且出菇快，所以得到全面推广使用。

（2）质量标准

塑料袋应符合 NY/T658 包装通用准则，要求白色、无毒无害。质量好坏，关系到接种后菌袋的成品率。优质塑料袋标准如下。

①规格一致：薄膜厚薄均匀，袋径扁宽大小一致。

②结构精密：料面密度强，肉眼观察无砂眼、无针孔、无凹凸不平。

③抗张性强：抗张强度好，剪 2～4 圈拉开不断裂。

④能耐高温：装料后经 100℃常压灭菌保持 16～24 小时，不膨胀、不破裂、不熔化。

六、绿色高优生产配套机械设备

香菇绿色高优栽培所需的机械配套设备，要从经济和实用两方面考虑。随着香菇工厂化生产的发展，其机械化程度要求更高。

1. 原料切碎机械

原料切碎机械应选用木材切片与粉碎一次合成的新型切碎机械。此类切碎机生产能力高达每小时 1000 千克，配用 15～28 千瓦电动机或 11 千瓦以上的柴油机，生产效率比原有机械提高 40％，耗电节省 1/4，适用于枝丫、农作物秸秆和野草等原料的切碎加工。

2. 培养料搅拌装袋机械

（1）搅拌机

现有较为适用的是自走式搅拌机，该机由开堆机、搅拌器、惯性轮、走轮、变速箱组成，配用 2.2 千瓦电机、漏电保护器。堆料拌料量不受限制，只要机械进堆料场开关一开，自动前进开堆拌料并复堆。它与漏斗式、滚筒式搅拌机对比，省去装料、卸料工序，生产功率高达每小时5000 千克，比原有提高 5 倍。

（2）装袋机

装袋机型号较多，而且不断改革创新，应根据生产规模选择性购置。尤其是香菇工厂化生产对培养料装袋机械要求更严。在我国香菇袋栽发源地，福建省古田县闽耀机械厂科研人员运用 PLC 控制，研发一种 MY-1000Q 型"程序自动化装袋扎口一体机"并获国家专利。其特点如下：自动化程度高，一台机只需 1 人掌机，时产 700～900 袋；采用不同模板组合，可适于 13～18 厘米规格袋；现代触屏，故障自动提示，操作简单，维护方便；可随意调节料袋松紧、长短及扎口。

我国农村香菇产区，尚有部分栽培户使用传统半手工装袋机，料袋扎口环节可采用料袋封口"气动卡扣机"。该设备采用铝镁合金钉封口，适用 8～11 厘米不同袋径，每小时扎口 700～1000 袋，扎口牢固，不漏气。

3. 菌袋接种机

目前香菇规模化生产其料袋接种均采用全自动多功能接种机，其特点为自动完成料袋表面消毒，压扁整形，打穴接种，并记录接种袋数，自动封口。配用动力 220 伏，输入功率 2 千瓦，生产效率 1200 袋/时。

4. 菇房生态调控及监控设备

（1）生态调控机组

生态调控机组是香菇工厂化周年制生产的关键设备，可生态调控菇房温、湿、光、气 4 个因子。福建鼎峰制冷通风设备有限公司研发一种"智能化菇房生态调控机组"并获国家专利。该设备可任意调温 15～50℃。在 50℃时促使菇房内干燥，环境消毒净化。出菇按不同生长期设定 15～20℃，满足长菇适温；机组设置新风净化；输入管道吸收循环，并调节风流量，实现自动净化微风供氧；配置超声波二流体，结合通风构成微喷雾状控湿系统。此外，安装 LED 灯带，定时亮灯照射，实现智能化调控生态环境。

（2）生态监测仪器

现有 ZG106A-M 二氧化碳监测仪，对工厂化生产菇房进行空气监测，实现数字化管理。菇房内需要适宜的氧气，通过二氧化碳监测仪，就能知道什么时候菇房该通风，通风时间多长，管理得心应手。智能监控器，该器材专为工厂化智能菇房设计的高性能智能监控仪器，带有数码管显示和键盘操作，能够自动监测并显示菇房内的二氧化碳含量、温度、湿度数据，带有通讯接口，可以和计算机联网，构成菇房环境集中控制系统。一台计算机可以对多台控制器，进行统一监测管理。

5. 鲜菇脱水烘干机

（1）SHG 电脑控制燃油烘干机

该机为组合箱体结构，配有电脑程序控制、电眼安全监测、程序贮存记忆、运行状态显示，为国内较为先进安全的烘干设备。配 750 瓦电动机，220 伏电源，控温 $0 \sim 70 \mathrm{°C}$，超温故障双重保护。配烘干筛 60 个，每次可加工鲜菇 500 千克。

（2）节能环保热泵烘干机

近年研发成功一种"节能环保热泵烘干机"，采用电热源，对环境无污染，卫生条件好，加工过程不存在二次污染，产品符合食品卫生标准。由于节能环保，产品被列为国家农机补贴品种。

七、培养基无害化灭菌设施

1. 高压蒸汽灭菌锅

高压灭菌锅用于香菇菌种生产和菌袋培养料的灭菌。试管母种培养基由于制作量不大，适合用手提式高压灭菌锅。其消毒桶内径为 28 厘米、深 28 厘米，容积 18 升，蒸汽压强在 0.103 兆帕时，蒸汽温度可达 $121 \mathrm{°C}$。原种和栽培种数量多，宜选用立式或卧式高压灭菌锅。

2. 常压高温灭菌灶

常压高温灭菌灶是培养料装袋后，进入灭菌必要的设备。常用有以下几种。

（1）钢板锅罩膜灭菌灶

生产规模大的单位可采用砖砌灭菌灶，其体长 280～350 厘米，宽 250～270 厘米，灶台炉膛和清灰口可各 1 个或 2 个。灶上配备 0.4 厘米钢板焊成平底锅，锅上垫木条，料袋重叠在离锅底 20 厘米的垫木上。叠袋后罩上薄膜和篷布，用绳捆牢，1 次可灭菌料袋 6000～10000 袋。钢板平底锅罩膜常压灭菌灶见图 2-5。

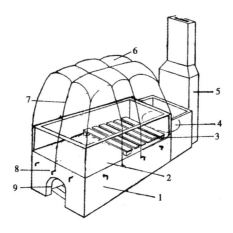

图 2-5　钢板平底锅罩膜常压灭菌灶

1. 灶台　2. 平底钢板锅　3. 叠袋垫木　4. 加水锅　5. 烟囱
6. 罩膜　7. 扎绳　8. 铁钩　9. 炉膛

（2）大型灭菌器

灭菌器又称卧式灭菌柜，用于香菇料袋灭菌，以蒸汽热源灭菌。江苏连云港和江阴机械厂等均有生产。大型 81

米^{3}单缸灭菌器，应配备铁架50个，每架叠装香菇料袋430个，总容量2.15万袋。

八、无菌操作特殊设备

1. 无菌室

无菌室又叫接种室，是香菇绿色生产接种的专门房间。工厂化生产香菇的企业，应建造净化车间，一般生产单位可设置无菌室，其结构分为内外两间，外间为缓冲室，面积约5米^2，高约2.5米。无菌室科学布局见图2-6。

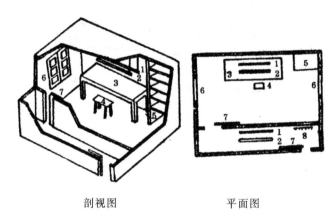

剖视图   平面图

图2-6　无菌室科学布置

1. 紫外灯　2. 日光灯　3. 工作台　4. 凳子　5. 瓶架　6. 窗　7. 拉门　8. 衣帽钩

2. 接种箱

接种箱是菌种分离和接种的无菌空间、满足无菌操作要求的专用设备。接种箱见图 2-7。

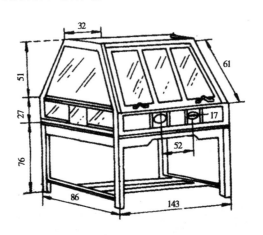

图 2-7　接种箱（单位：厘米）

第三章

香菇绿色高优栽培应用技术

一、露地排筒绿色栽培技术

1. 菌袋生产工艺流程

香菇绿色高优栽培的菌袋生产工艺流程，见图 3-1。

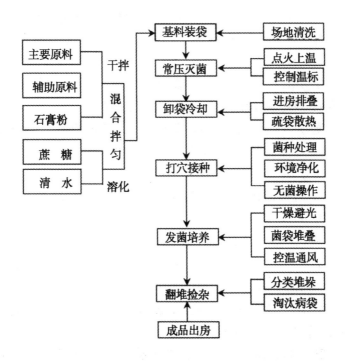

图 3-1　菌袋绿色生产工艺流程

2. 绿色培养料配方

香菇菌袋的培养料配方，无论是春栽或是秋栽，无论是露地立筒栽培或是埋筒覆土栽培，以及架层培育花菇等，其所用的培养料配方一般可以通用。下面介绍各主产区生产实践报告的配方，供栽培者因地制宜选择取用。

（1）杂木屑为主配方

配方1：杂木屑76%、麦麸18%、玉米粉2%、石膏粉2%、蔗糖1.2%、过磷酸钙0.8%。适用常规栽培。（福建古田）

配方2：杂木屑75.5%、麦麸17%、玉米粉5%、食盐0.1%、石膏粉1.5%、碳酸钙0.6%、磷酸二氢钾0.2%、硫酸镁0.1%。适于反季节埋筒覆土栽培。（福建长汀）

配方3：杂木屑83%、麦麸15%、石膏粉1%、蔗糖1%。（浙江庆元）

配方4：杂木屑80%、麦麸或米糠18%、红糖1.2%、尿素0.3%、过磷酸钙0.5%。（湖北武汉）

配方5：杂木屑78%、麦麸16%、玉米粉3%、石膏粉1.5%、蔗糖1%、过磷酸钙0.5%。（安徽东至）

配方6：杂木屑80%、麦麸18%、石膏粉1%、尿素0.5%、过磷酸钙0.5%。（河南西峡）

配方7：杂木屑40%、花生壳或棉花秆40%、麦麸16%、玉米皮或豆饼3%、石膏粉1%。（河南西峡）

配方8：杂木屑78%、麦麸20%、石膏粉1%、白糖1%。（河北平泉）

配方9：杂木屑77%、麦麸20%、白糖1%、石膏粉1%、菇宝1%。（山东栖霞）

配方10：杂木屑76%、玉米粉2.7%、麦麸20%、白糖1%、过磷酸钙0.3%。（山西农大）

配方 11：杂木屑 77.5％、麦麸 18％、玉米粉 2％、石膏粉 1.5％、蔗糖 1％。（陕西安康）

配方 12：杂木屑 85％、麦麸 10％、玉米粉 2％、豆粉 1％、石灰 1％、石膏粉 1％。（辽宁沈阳）

（2）混合料配方

配方 1：甘蔗渣 45％、杂木屑 35％、麦麸 18％、石膏粉 1.8％、磷酸二氢钾 0.2％。适用常规栽培。（福建龙海）

配方 2：野草 63％、杂木屑 20％、麦麸 15％、石膏粉 1％、红糖 1％。适用常规栽培。（福建农林大学）

配方 3：谷壳 30％、杂木屑 48％、麦麸 20％、石膏粉 1％、蔗糖 1％。试验栽培。（福建南平）

（3）农作物秸秆为主配方

配方 1：玉米芯 55％、杂木屑 25％、麦麸 17.48％、石膏粉 2％、硫酸镁 0.5％、石灰 0.02％。（河南泌阳）

配方 2：大豆秆 40％、杂木屑 20％、玉米芯 20％、麦麸 17％、石膏粉 2％、红糖 1％。（河南泌阳）

配方 3：葵花籽壳 58％、杂木屑 20％、麦麸 16％、豆粉 2.5％、石膏粉 2％、蔗糖 1.2％、磷酸二氢钾 0.3％。（山西原平）

3. 配料操作技术要求

按照选定的培养基配方种类和比例，称取原料、辅料和清水，混合搅拌，配制成培养基，具体做法与要求见表 3-1。

表 3-1　培养料绿色配制程序与技术要求

作业程序	技术要求
场地选择	以水泥地和木板坪为好。泥土地因含有土沙，加水后泥土会混入料中，不宜采用。选好场地后进行清洗并清理四周环境

作业程序	技术要求
原辅料混合	先将木屑、麦麸、石膏粉搅拌均匀，然后把可溶性的添加物，如蔗糖、尿素、过磷酸钙、硫酸镁、磷酸二氢钾等溶于水中，再加入干料中混合
机械搅拌	采用自动化搅拌机时，将料混合集堆，拌料机开堆、搅拌，反复运行，使料均匀。农村手工搅拌必须采取集堆、开堆、反复搅拌 3～4 次，使水分被原料均匀吸收。如果选用棉籽壳配方时，应提前 1 天将棉籽壳加水使水分渗透籽壳中。然后过筛打散结团。过筛时应边洒水、边整堆，防止水分蒸发
含水量测定	培养料含水量要求达到 $58\%～60\%$。测定方法：采用 MB 水分测定仪。也可感官测定，即手握紧培养料，指缝间有水滴为标准。若手握料，指缝间水珠成串下滴，掷进料堆不散，表明太湿。经检测，如果水分不足，加水调节；若水分偏高，不宜加干料，以免配方比例失调，只要把料摊开，让水分蒸发至适度即可
酸碱度测定	香菇培养基灭菌前要求 pH 值在 6～7（灭菌后自然降至 5～6）。测定方法：称取 5 克培养料，加入 10 毫升中性水，用石蕊试纸蘸澄清液即可查出酸碱度。也可取广谱试纸一小片，拌入培养料中 1 分钟后，取出对照标准版比色，从而查出相应的 pH 值。经过测定，如培养基偏酸，可加 4% 氢氧化钠溶液进行调节，或用石灰水调节至达标

4. 培养料装袋技术

(1) 装袋方法

工厂化生产应设置自动化装袋生产线。农村社会化生产可采用多功能装袋机，使用前先换上与袋相适应的套筒，并检查机件各部位螺栓是否拧紧、传动带是否灵活。然后按开关接通电源，装入培养料试机，搅拌转速为650转/分。装料时先将薄膜袋未封口的一端张开，整个袋套进装袋机出料口的套筒上，双手紧托。当料从套筒输入袋内时，右手撑住袋头往内紧压，形成内外互相挤压，料入袋内更坚实。此时左手托住料袋顺其自然后退，当填料接近袋口6厘米处时，料袋即可取出竖立，并传给下一道捆扎袋口工序。

现有花菇培养料装袋，外用常规塑料袋，内套保水膜袋，装料时两袋合在一起同时进料。这种保水膜是采用特殊塑料组合的原料制成，具有易裂不碎，不附着菇体的特点。当菌丝生理成熟后，适时脱去外袋，保持内膜，菇蕾就可自然破膜顶出袋外，产出的花菇卫生，又免去割膜长菇的工序。

（2）装量标准

由于基质差异极大、木料硬松有别，玉米芯、甘蔗渣等较为疏松，因此装料量标准无统一规定。下面介绍一般杂木屑培养基配方的装料量，见表3-2。

表3-2　香菇不同规格栽培袋的装料量一览表

料袋规格 （厘米）	干料容量 （千克/袋）	装袋后湿重 （千克/袋）
15×55	0.9～1.0	2.0～2.3
15×65	1.1～1.15	2.4～2.5
16.5×65	1.2～1.25	2.5～2.6
17×55	1.1～1.2	2.4～2.6
20×55	1.4～1.5	3.1～3.3
25×55	1.9～2.0	4.3～4.5

（3）袋口捆扎

半机装模式操作的，按装入量先增减袋内培养料，使之足量。然后清理袋口下剩余 6 厘米薄膜内的空间，扫掉黏附的木屑；用纱线捆扎袋口 3～4 圈后，再反过来又扎 3圈，袋头即密封。机装的，自动装料扎口。

（4）装袋要求"五达标"

培养料装袋无论机械全自动装袋或是半手工操作的，其技术要求见表 3-3。

表 3-3　培养料装袋技术要求

工序要求	检测内容
松紧适中	培养料松紧度的标准，应以成年人手抓料袋，五指用中等力度捏住，袋面呈微凹指印，有木棒状感觉为妥。如果手抓料袋两头略垂，料有断裂痕，表明太松
不超时限	装袋要抢时间，从开始到结束时间不超过 3 小时。无论是机装或是手工装，应安排好人手
紧扎袋口	袋口要求捆扎牢固、不漏气，防止灭菌时袋料受热后膨胀，气压冲散扎头，袋口不密封，杂菌从袋口进入
轻取轻放	装料和搬运过程要轻取轻放，不可硬拉乱摔，以免料袋破裂
日料日清	培养料的配装量要与灭菌设备的吞吐量相衔接，做到当日配料，当日装完，当日灭菌

培养料经过装袋后即成为营养袋，简称料袋。

5. 料袋灭菌技术标准

料袋灭菌无论是采用常压蒸汽高温灭菌或是大型灭菌器灭菌，其灭菌程序及关键技术见表 3-4。

表 3-4   料袋常压灭菌程序及关键技术

程序	关键技术
及时进灶	培养料营养丰富，装入袋内容易发热，如未及时上灶灭菌，酵母、细菌加速增殖，将基质分解，导致酸败。因此装料后要立即进灶灭菌
合理叠袋	料袋进灶采取自下而上重叠排放，上下袋形成直线，前后袋要留空间，使气流自上而下畅通，蒸汽能均匀运行。采用大型罩膜灭菌器，其一次容量 2 万袋以上的，叠袋方式采取铁架重叠
控制温标	采用罩膜灭菌灶的，料袋上灶后立即旺火猛攻，使温度迅速上升到 100℃。灭菌时间保持 20～24 小时，中途不停火、不掺冷水、不降温。采用大型灭菌器，料袋进柜后机动门自动关闭。灭菌分 3 个时段控温：料袋进柜关门后，以 0℃起 2 小时内上升到 105℃；达 105～110℃ 时，保持 17 小时；然后由 110℃ 降至 90℃，保持 1 小时。整个灭菌流程共 20 小时，控制这个温限比较安全。达标后按压纽键自动开门，料袋随架车出拒，转入散热冷却环节
认真观察	采用罩膜灭菌灶的，用棒形温度计插入温度观察口内，观察温度。确保温度保持 100℃ 不降温，同时注意及时补充锅内热水，防止干锅。大型灭菌器，只要设定好控温指标，超标自动报讯
卸袋搬运	达到灭菌要求后转入卸袋工序。卸袋首先让灶内热源散发，然后揭开罩物，让温度降至 60℃ 以下时，方可趁热卸袋。卸下的料袋用板车或拖拉机运进冷却室内，车板上要铺麻袋，上面盖薄膜，防止刺破料袋和雨水淋浇。大型灭菌器自动开门后，料袋随车出柜
疏袋散热	料袋卸灶后及时搬进冷却室内，进行疏袋散热。通常冷却时间需 24 小时，直至手摸袋无热感，袋内降至 28℃ 以下为度。检测方法用棒形温度计插入袋料中观察温度

6. 接种培养管理

（1）接种操作

选择晴天午夜或清晨接种，打穴、接种、封口见图 3-2。
如果在装袋时已打穴封口的，接种时揭封接种，再复封。

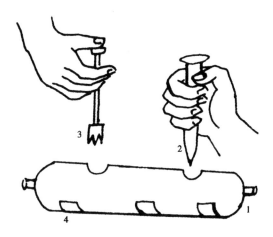

图 3-2　打穴、接种、封口示意图
1. 料袋　2. 打穴　3. 接种　4. 封口

接种后的穴口贴封方式多样，北方气候干燥，常用胶膜、胶纸、胶布或用套袋方式。南方产区采用加大接种量，使菌种高于穴口 1～2 厘米，顺手按压，使菌种满口盖边，形成"T"状，就不用封口物封口。在接完一面穴口后，把料袋反转到另一面。也可以单面打 4 个穴口接种。一般 750 毫升菌瓶的菌种，可接 20～25 袋。

（2）养菌管理

菌袋培养的不同生长期，其气温、堆温和菌温相应发生变化，应及时加以调节，防止高温危害。详见表 3-5。

表 3-5　养菌不同生长阶段规范化技术

不同时期	规范化管理技术
萌发期	接种后的菌袋头 3 天为发菌期，室内温度宜控制在 27℃左右。如果气温低于 22℃，可采用薄膜覆盖菌袋，使堆温提高，以满足菌丝萌发的需要
生长期	接种 4～5 天后为生长期，接种穴四周可以看到绒毛状的菌丝，逐步向料中和四周蔓延伸长。培养半个月后随着菌丝加快发育生长，室内温度调节至 25℃左右为适。叠袋可由原来 4 袋交叉重叠，调整为 3 袋交叉重叠，使堆温相应降低
旺盛期	当菌袋培养 20～25 天后，菌丝已进入旺盛生长状态，需把穴口上封盖物去掉，这阶段温度宜控制在 23～24℃。如果室温为 27℃，菌温就超过 30℃，堆温也就随之升高 2～3℃，应及时调整堆形，疏袋散热，以 2 袋交叉成"井"字形或 3 袋叉成"△"形重叠为好，以抑制堆温上升，降低菌温
成熟期	无论是秋栽或是春栽的菌袋，培养至秋季 10 月份，都已进入成熟期，代谢能力和自身热量比之前降低，且此时自然气温也降低。为此室内温度应控制不低于 20℃为好，结合翻堆调整堆垛为 4 袋交叉重叠，有利保持菌温

7. 菌筒转色催蕾技术

菌袋培养生理成熟后，就要搬进菇棚，脱去袋膜，便称之为菌筒，通过技术管理使菌筒转色。

（1）掌握转色规律

脱袋排场后的菌筒，由于全面接触空气、光照、露地温湿度，加之菌筒内营养成分变化等因素的影响，便从营养生长转入生殖生长。菌筒表层逐渐长出一层洁白绒毛状的菌丝；接着菌丝倒伏形成一层薄薄的菌膜，同时开始分泌色素，渗出黄色水珠。菌筒开头由白色略为粉红色，通过人工管理，逐步变成棕褐色，最后形成一层似树皮状的菌被，这就是通常所说的转色，也就是形成"人造树皮"。菌筒转色，通常在适宜的环境条件下需要 12 天左右。再经过 3～4 天的温差刺激后，便萌发菇蕾。

（2）转色催蕾关键技术

菌筒转色催蕾管理，主要应掌握好控温、喷水、变温、光照等刺激技术。

①控温复壮。脱袋后 1～4 天，要罩好菇床上的薄膜，不必翻动，让菌丝恢复生长；罩膜内温度控制在 23～24℃，空气相对湿度以 85％ 为好，保持菇床空气新鲜，5 天之后以 18～22℃ 为宜。当菌筒表面长满洁白色的气生菌丝时，说明菌丝已复壮，此时要揭开菇床上的罩膜通风，每天 1 次 20 分钟。若气温超过 25℃，每天早晚揭膜通风，增加氧气。

②喷洒黄水。经过菌丝复壮后，到 7～8 天菌筒分泌出黄红水珠，此时应结合揭膜通风，连续两天给菌筒喷水。第一天用喷雾器喷水，把红水珠喷散，并罩好盖膜，菌筒表面出现粉红色，并挂有黄红色的水珠；第二天可用电动压力喷雾器或喷水壶，向菌筒急水重喷，把黄红色水珠冲洗净，待菌筒游离水晾干，水分蒸发至手抓菌筒无黏糊感觉时才可罩膜。

③调控温差。菌筒转色必须结合变温管理。具体做法是白天把菇床上的薄膜罩严，使床内温度升高 2～3℃；夜间 12 时以后气温下降时，揭开薄膜 1 小时，让冷空气刺激菌丝。这样日夜温差可达 10℃ 以上，连续进行 3～4 天的温

差刺激，菌筒表面就出现不规则的白色裂纹，也就诱发子实体原基形成，并分化成菇蕾，所以又称变温"催蕾"。

④干湿交替。转色过程中除了控温、喷水、变温外，还必须干干湿湿交替刺激，有利于转色。管理中既要喷水，又要注意通风，使干湿交替。但要防止通风过量，造成菌筒失水，特别是含水量偏低的菌筒更应引起注意。在通风换气时，还要注意结合喷水保湿，人为创造干干湿湿的条件。

⑤光线刺激。野外菇棚内以"三分阳、七分阴"的光线刺激，有利于转色和诱导子实体原基分化。因此，在菇床罩膜内的光照至少要 25 勒，对转色更有利。

（3）转色管理技术程控

为便于栽培者管理上对照，这里将菌筒转色日程及管理技术控制列表，见表3-6。

表3-6　菌筒转色管理技术程控表

脱袋后的天数	菌筒表现	作业要点	菇床罩膜内环境条件			注意事项
			温度（℃）	湿度（%）	每天通风	
1~4	洁白绒毛状菌丝继续生长	脱袋后排放菇床架上呈80°角，罩紧薄膜	23~24	85	25℃以下不揭膜通风	超过25℃揭膜通风20分钟
5~6	菌丝逐渐倒伏分泌色素	掀动薄膜，增加菇床内气流量	20~22	83~85	揭膜通风2次，每次30~40分钟	防止温度偏高，菌丝徒长不倒伏

脱袋后的天数	菌筒表现	作业要点	菇床罩膜内环境条件			注意事项
			温度 (℃)	湿度 (%)	每天通风	
7～8	新陈代谢，吐出黄水珠	每天喷水1～2次冲洗黄水，连续2天	20	85～90	喷水后待菌筒晾至不粘手时盖膜	第一天喷雾冲淡黄水，第二天急水冲净黄水
9～12	粉红色变为红棕色	观察温湿度变化和转色进展	18～20	83～87	每天揭膜通风1次，30分钟	温度不低于12℃，不宜超过22℃
13～15	棕褐色有光泽，树皮状	温差刺激，干湿调节，促发菇蕾	15～18	85	白天罩膜，晚上通风1小时	干湿交替，防止杂菌污染

8. 秋菇管理技术

菌筒经过转色和温差、干湿差、光暗差的刺激，诱发子实体原基的形成，并发育长成子实体。从菇蕾到子实体成熟，一般只需3～4天，气温低时需6～7天，这时期称为出菇阶段。秋栽菌袋是一次接种，秋冬春三季长菇。秋菇发生在12月前后，多为早熟菌株，一般脱袋排筒管理后15～20天长菇，菇潮比较集中，可长3～5批。早、中熟品种产量占整个生产周期总产量的30%左右。其管理技术标准如下。

（1）控制长菇适温

秋季气温多变，高低不稳。若温度一直处于 20℃ 以上时，原基不易形成子实体，且消耗养分较多，影响产量。遇到这种情况，必须创造适宜的温度条件，可在晚上或凌晨气温较低时，揭开盖膜通风散热，使菇床温度下降。晚秋气温低于 12℃ 时，可将棚顶遮阳网揭开些，让一定的阳光照射增加热源，使菇床达到适宜温度。

（2）适时两项刺激

"两项刺激"即干湿交替、温差刺激。第一批菇采完后，必须停止喷水，并揭膜通风 8～12 小时，降低菇床湿度，使菌筒干燥，让菌丝充分休息复壮 7 天左右。当菌筒采菇留下的凹处发白时，说明菌丝已经复壮，此时白天可进行喷水，并盖紧薄膜提高温度，晚上揭膜通风，使菇床有较大的温差和菌筒干湿差。通过 3～4 天干湿交替、冷热刺激后，第二批子实体迅速形成。第二批菇采完后，按上述方法增加通风次数，让菌丝复壮，然后连续喷水 2～3 天，加大湿差，促进第三批菇蕾萌发。逐批仿效此法管理。

（3）保持空气湿度

出菇期空气湿度以 90％ 左右为宜。南方秋高气燥，注意菇床保湿，防止菌筒被风吹干；北方秋雨连绵，应注意通风，避免湿度偏高，引起菌筒霉烂、杂菌滋生。通常菇棚的罩膜内呈一层雾状并有水球，说明湿度适宜。若无水珠说明偏干，应喷水加湿；若水珠下滴，则为偏湿，应增加通风，降低湿度，避免过湿造成霉菌侵袭为害。

（4）灵活调节光照

秋初低海拔地区气温较高，日照稍长，为防止光照过强，菇棚上方遮阳物应"三阳七阴"，有利子实体形成；秋末山区气温急降，日照渐短，菇棚应从"四阳六阴"逐步到

"五阳五阴"。

9. 冬菇管理技术

冬菇发生在1～2月，即春节前后出菇。这个季节气候寒冷，菌丝生长缓慢，呼吸强度低，出菇少，子实体生长也慢，菇肉厚，品质好。中低温型和低温型菌株产量占总产量的15％～20％。具体管理技术标准如下。

（1）引光增温

冬季野外寒冷，可把棚内菇床的薄膜放低、罩严，增加地温；同时选择晴天，把遮阳物摊稀，达到"五阳五阴"。日照短的山区可以"七阳三阴"，让阳光透进棚内，增加热源，提高菇床温度；晚上盖薄膜防寒。冬季日夜自然温差较大，加上采取上述人为措施调节，这样可促使更多的菇蕾发生。

（2）错开通风时间

菇蕾发生后，呼吸旺盛，如空气不流通导致二氧化碳沉积过多，就会抑制子实体形成与生长。因此，冬季不论菌筒是否长菇，都应保持每天中午揭膜通风1次；通风时间应短，每次10～20分钟，使菌筒免受寒风袭击而干燥。

（3）灵活喷水

冬季霜期不宜喷水，因气温低，菌筒吸收能力弱，容易造成结冰，只要保持湿润，不致干枯即可。特别是霜期较长的地区，更要注意保暖防寒，生息养菌，切忌喷水。如湿度偏大，菌丝生长受到阻碍，甚至造成小菇蕾死亡。有的菌株冬季会长出变形菇，俗称"蜡烛菇"，即有柄无盖，应及时摘除，减少消耗。

（4）菌筒越冬

冬季出菇要视气温情况而定，低海拔地区气温适宜，可长 2～4 批菇，但相距时间较长，一般需 10～15 天。高寒地区出菇少，甚至不出菇。冬休期应把菇床罩膜四周用石头压紧，使床内温湿度得到保持，避免寒风侵袭菌筒。尤其北方寒冬积雪，应加固菇棚防倒塌，棚顶和四周加围草帘，挡风保温。

10. 春菇管理技术

春菇发生在 3 月至 6 月上旬。此时春回大地，菇蕾盛发，菇潮集中，其产量占整个生产周期的 50% 左右。以下介绍春菇管理的技术标准。

（1）适时调整盖膜

南方春雨连绵，湿度偏大，每天要结合采菇揭膜通风，采后盖膜。如气温高于 20℃，盖膜棚的两头要揭开，让其通风；闷热天或雨天，盖膜四周全部揭开，使空气流通。特别是菌筒浸水重回菇床时，盖膜要看气温，早春气温低或寒流袭击时，薄膜要罩好保温，使菌丝复壮；若气温高于 25℃，则每天通风 2～3 次，促其生长。

（2）看天气喷水

春菇生长期的喷水，要掌握在连晴天气、菌筒表皮稍干时进行。可在上午采完菇后，用喷雾器往菌筒表面喷水；阴雨天不喷水，菌筒湿润不喷水，采前不喷水。喷水后要让菌筒晾 30 分钟再覆盖薄膜，防止因湿度过高，造成霉菌生长而烂筒。

（3）适度刺激

采完第一潮菇后，要揭膜通风 8～12 小时，让菌筒表面稍干，晴天再喷水进行干湿刺激，促使菌丝复壮；并采取白天盖严薄膜，晚上 12 时之后揭膜通风 1 小时，降低棚温，适当进行温差刺激，促使菇蕾发生，连续 3～4 天即可。

（4）适期采菇加工

春菇质薄易开伞，开伞菇商品价值较低。为此，必须掌握每天上午开采八成熟的菇，即菇盖已伸展、卷边似"铜锣"的。当天采菇，当天加工。

（5）清理菌筒

春季杂菌常在菇蒂部位腐烂的菌筒上生长。因此，掌握每采完一批菇后，要进行清理，挖除蒂头残留。

11. 菌筒浸水技术

香菇菌筒经过几批长菇后，其含水量明显下降，如不及时浸筒补水，产量必将受到影响。每浸一次筒，就长一潮菇。菌筒浸水技术规程如下。

（1）测定含水量

菌筒含水量比原重减轻 1/3 时即说明失水，应浸水。中袋发菌后的筒一般为 1.9～2 千克，而当重量只有 1.3～1.4 千克时，即筒内含水量减少 30％左右，此时就可浸筒补水。通过浸筒补水达到原重 1.9～2 千克的 95％数值即可。鉴别菌筒是否吃透水分，可用刀将菌筒横断剖开，看其吸水颜色是否一致，未吃透的部分，颜色相对偏白。

（2）水质要求

浸筒的水质要经检测，达到有机栽培要求的水质标准，不得使用池塘水和沟涧水，防止污染，造成产品不符合有机食品标准。

（3）补水方法

浸水方法有直接泡浸法、捏筒喷水法、插入注射法、分流滴灌法，较常用的是前三种。

①直接泡浸法。用 8 号铁丝在菌筒两端打几个 10～15

厘米深的洞孔，顺序排叠于浸水池内，上面加盖木板并用石头等重物紧压，再把清水灌进，以淹没菌筒为度。也可以采用菇床两旁畦沟内衬清洁的薄膜，然后排叠菌筒，按畦沟深浅，一般可叠3～4层，上面压板，防止菌筒上漂。

②捏筒喷水法。原地提起菌筒，双手紧抓住，10个指头向筒上菌被按压，稍有"吱吱"响声，指痕部位略有微凹；或用塑料拖鞋，往菌筒四周轻轻拍打。喷水可采用电动压力喷雾器或喷水壶，往菌筒上来回喷洒。每天1～2次，连续喷3～4天，水分从外膜渗透筒内，得到补充。

③插入注射法。原地操作，先用同规格的钢筋往菌筒一端打个注水洞，深约占菌筒的3/4，把注水器针筒插入注水洞内，借助喷雾压力把水输入菌筒内，达到补水目的。现市场上销售的多针筒注水器，由1个铁手把配5个开关，安装5条橡皮管，管头装针筒，1次注水5筒，比较方便和实用。

（4）调控气温与水温

气温若在15℃以下时，浸筒宜在晴暖天气进行；春季气温高于25℃时，需待气温降低到20℃左右时浸水为宜。春季水温要比气温高，菌筒易吸收水分；夏季水温要比气温低，才能吸收。因此，夏季用井水、泉水浸筒更好。气温高浸水效果不好，反季节栽培夏秋长菇，6月份之后气温常为25℃以上，要注意天气预报，趁高温来临之前抓紧时间浸筒，争取多长1～2批菇。

（5）结合催蕾

菌筒浸水后放回菇床上排列好，待游离水晾干后再罩膜保湿，进行干湿差刺激。3天后每天通风1～2次，每次1小时左右；干燥天缩短通风时间，一般30分钟；若遇阴雨天，应把薄膜四周掀起通风。若气温低于15℃，可把浸水后的菌筒集中重叠成堆，用薄膜罩住，使筒温上升。发菌3天后，重新搬回菇床上，把遮阳物拨开，增加光照；并进行气温差刺激，诱导原基形成，菇蕾萌发。

（6）清床松土

当菌筒搬离浸水时，畦床残余物进行清理并疏松一下畦土。若发生过病虫害的菌筒，应搬出有机栽培场，作常规处理。同时在菇床上撒些石灰粉消毒；并拉疏棚顶遮盖物，让阳光照射畦床，改善环境条件。

二、反季节埋筒覆土绿色育菇技术

香菇埋筒覆土长菇模式，是利用夏季地表和空间温度自然温差，发挥土壤有机物及覆土的屏蔽作用，可有效克服虫害的优点进行长菇，作为春接种夏秋长菇、反季节栽培的一种好形式，为一般低海拔地区开创一条栽培新路子。其技术规程与管理技术标准如下。

1. 适应范围

埋筒覆土培育夏菇，一般较适宜在海拔 300 米以上 700 米以下的小平原地区和北方省区。而海拔较低，夏季气温较高的地区不宜采用。因香菇子实体生长温度 5～25℃，超过 28℃无法形成与发育。

2. 产季安排

埋筒覆土长菇模式是夏秋季节产菇。为此生产季节应以 4～5 月菌袋进棚脱袋排场，以此时间为"分界线"，往后倒退 3～4 个月为菌袋接种期，再往后倒退 3 个月为原种和栽培种制作期。通常在每年 10～12 月就开始菌种生产，翌年 1～2 月进行菌袋接种培养，到 5 月菌袋进棚脱袋排场转色出菇，夏季盛产，延续至 11 月份产季结束。海拔较低的平川地区，可提前于 12 月下旬至 1 月上旬制袋；而北方高寒地区，早春气温较低，菌袋生产可适当推迟到 2～3 月份进行。安排生产季节时，必须因地制宜，根据当地气候，以初夏适于长菇气温 15℃作为始菇期。以此为界倒计时90～110 天作为菌袋制作接种期。这样确保菌袋生产与培育处于最佳期，夏季长菇正适时。

3. 框定菌株

埋筒覆土反季节栽培当家品种，限定的菌株应以中偏高或高温型的菌株为标准，常用 Cr04、Cr20、广香 47、武香 1 号、168、苏香 1 号、夏亚 1 号、兴隆 1 号等。此外，辽宁、吉林、黑龙江及北京等地区，均有选育适应当地反季节栽培菌株，可就地引用。特别提醒：露地立筒反季节栽培区域是海拔 700 米以上地区；而埋筒覆土栽培适于在海拔 300 米以上 700 米以下区域栽培。两种栽培模式不同，其使用的菌株相同，长菇期也都在夏秋 5～10 月，而适用区域海拔高低相差甚大。我国地理复杂，气候差异甚大，同一个地区的海拔高度又都不一，为防止误导，在引用菌株时必须认真掌握一个原则：适合埋筒覆土反季节栽培的香菇菌株，不论其是什么代号，只要是属于中温偏高或高温型的菌株，其种性耐高温，出菇中心温度以 15～28℃或15～30℃为妥。对于中温偏低或低温型菌株，如 Cr02、L856、L087、Cr62、L939、L9015、L135 等都不可用作反季节埋筒覆土栽培的菌株，否则在盛夏子实体难以形成，或长出劣质菇，导致欠效或失败。

4. 埋筒覆土

（1）脱袋摆筒

场地先整理平实，提前 5 天进行床面消毒。再将发满菌丝 10 天左右的菌包，在接种穴旁将袋膜先纵割"Y"形缝；然后将菌包平放在经消毒的畦面下，割缝朝下；菌筒在畦床两边横排，中间纵排，四周留 5 厘米左右，5 小时左右即可进行脱袋。然后将菌筒原地排放于畦床上，筒与筒靠紧不留间距，使整个畦床形成菌筒出菇的床面。

（2）菌筒覆土

先将畦沟泥土铲至畦的四周空位上做边，再将湿润的覆土材料（采用拌有 3％石灰粉的潮泥沙）撒施在菌筒表面，厚度 1 厘米以上。

（3）畦床罩膜

用两张 4 米宽的薄膜，将 4 个畦床上部围成屋脊形。具体操作：将 4 米膜的一边固定在一排柱子的梁上，再在隔两畦的另两排柱子间都固定一根竹或木连起来扎紧。这样塑料带就将薄膜夹在中间，两张薄膜构成屋脊形，能使四周通风，菌筒又淋不到雨。这种罩膜方式始终不用掀起薄膜，极为方便，特别适宜实行微喷，并且薄膜可保持干净，经久耐用。

（4）清洗筒面

经上述处理后，不用任何管理，7 天左右菌筒就能正常转变为红棕色，并可避免烂筒。待菌筒表面完全转色后清理出菇面，采用塑料扫把或棕扫把，用菌筒上面的覆土材料将菌筒之间的空隙填满。若不急于出菇，且菌筒又未现蕾，也可适当推迟清理筒面。但对已转色的菌筒应喷少量水，不让菌筒干燥脱水。这种转色的管理技术省工、省本，又不烂筒，并且菌筒营养完全没有流失。如果菌袋培养期间发生严重烧菌、发软、变灰色的，可将菌筒纵割一条缝，缝朝下利用地湿地温促进顺利转色。待菌筒转色发硬后再脱袋覆土。

5. 转色催蕾

埋筒覆土反季节栽培，长菇期均在夏秋季5～10月，出菇管理原理和技术措施相同。因此埋筒覆土长菇管理可参照露地立筒长菇中夏菇管理技术措施，但在转色、催蕾上有所差别。

（1）掌握转色规律

菌筒覆土后7天左右，由于全面接触空气、光照、地湿及适宜温度，加之菌筒内营养成分变化等因素的影响，便自然地从营养生长转入生殖生长。菌筒表层逐渐长出一层洁白色绒毛状的菌丝，接着倒伏形成一层薄薄的菌膜，同时开始分泌色素，渗出黄色水珠。菌筒开头由白色略转为粉红色，通过人工管理，逐步变成棕褐色，最后形成一层似树皮状的菌被，完成转色时间上要比露地立筒栽培提前5～6天。

（2）催蕾技术措施

菌筒转色后进入生殖生长，其催蕾方法与露地立筒催蕾基本相似，需要温差刺激，白天盖好弓棚罩膜，有的整棚上方铺膜，目的是起防雨作用。埋筒栽培常以昼夜自然温差刺激。人为催蕾主要采用以下几种方法。

拍打催蕾：菌筒转色形成菌被后，可用竹枝或塑料泡沫拖鞋底，在菌床表面上进行轻度拍打，使其受到震动刺激。拍打后一般2～3天菇蕾就大量发生。如果转色后菇蕾自然发生，则不可拍打催蕾。因为自然发生的菇朵大，先后有序产出，菇质较好。一经拍打刺激后，菇蕾集中涌出，量多个小，且采收过于集中。

喷水滴击催蕾：用压力喷雾器直往棚顶上方膜薄喷水，使水珠往菌筒下滴，利用地心吸力使水滴产生轻度震动刺激；如是小弓棚，可用喷水壶喷洒淋水刺激。但水击后应注意通风，降低湿度，使其形成干湿差。埋地菌筒能自然吸收土壤内的水分，因此它不能像常规栽培一样用清水浸筒催蕾，这一点完全不同。

无论采取哪一种形式催蕾，都必须掌握在晴天上午气温相对低时，进行拍打或水击。因温度高对原基分化不利，如果强行刺激，出现的菇蕾个小，且易萎蕾。因此必须注意掌握气温，抓准适温机会催蕾，下雨天不宜催蕾，以防烂蕾。

6. 夏菇管理

反季节栽培，盛菇期正值气温较高的夏秋季节，对子实体生长发育不利，如若管理不善，易出现萎蕾烂菇。应利用栽培保护设施和采取相应措施，制约不良环境的影响，关键技术控制点如下。

（1）疏蕾控株

夏菇第一潮正值 5 月下旬至 6 月发生，此时气温较适，菇蕾丛生集中涌现。如果任之发育，会使朵小、肉薄，不符合保鲜出口的品质要求，为此必须疏蕾。具体操作：对菌筒表面密集的菇蕾，每袋选择蕾体饱满、圆正、柄短、分布合理的 6～8 朵；多余的菇蕾用手指按压致残，不让发育，使菌筒产菇分布合理，吸收养分水分均匀，确保菇品的优质。

（2）遮阴控光

夏季菇棚温度必升，为此必须加厚遮盖物，可用茅草、树枝加盖，避免阳光直射。其光源仅靠四周棚壁草帘缝中透进弱光，一般控制在"九阴一阳"，使整个菇棚处于阴凉暗淡状况。最为理想的是菇棚建在绿树成荫的林下。如果光线过多，温度升高，菇体变薄，色泽变黄，影响品质。

（3）增湿降温

白天在畦沟内灌流动水，夜间排出，并保持浅度蓄水降温。但注意水量的下限，为距离菇床面 20 厘米，以防蓄水浸蚀菌筒。菌筒较干时，可用清水直接浇到菌筒上，一般每天 1 次，晴天可多浇些。下雨天及时排除畦沟积水。高温时可采用每天早晚用泉水、井水等温度较低的清水，向菇棚四周和空间喷雾；或棚顶安置微喷设备，通过人为措施，使棚内处于凉爽状态。

（4）加强通风

前期畦床上的盖膜不宜密罩，必须把四周薄膜卷离畦床 30 厘米以上，使畦床之间空气流畅。闷热干燥天气，白天不宜遮膜。如果紧罩薄膜气温升高，二氧化碳浓度增加，必然引起萎蕾烂菇。夏季雷阵雨较多，注意加强通风排湿，可将菇棚四周遮阳物打开一个通风口，使棚内空气流畅；同时注意检查盖膜有否破漏，避免高温雨淋造成烂菇烂筒现象发生。

（5）经常检查

每天结合采菇，注意观察，发现病虫害或萎蕾、烂菇应及时摘除，并把烂根铲除，局部用石灰水擦净，防止污染蔓延。

（6）采后续管

夏菇长速较快，从菇蕾到成菇一般 1～2 天，气温高时半天完成。为此采菇是 1 天采 1 次，盛发期早晚各 1 次，保鲜出口菇每天采收 4 次，如果稍延几小时即开伞，不符合保鲜出口标准，这一点与常规栽培大有差别。一潮菇采收后停止喷水，延长通风时间，让菌筒休养生息，待采菇部位重新长出白色菌丝时再催蕾。7～8月高温期间应以养菌为主，避免拍打催菇，否则损伤菌丝，易引起烂筒。反季节栽培的中高温型菌株，其秋季长菇可参照露地栽培秋菇管理技术标准。

7. 运用微喷提升菇质技术

福建长汀县林海芳研究了适用于覆土香菇的微喷技术，具体方法如下。

（1）管道布局

在菇床一端的横沟中，放一根自来水塑料管作为主管，直径3.2厘米以上。在每个畦端的中心锯断主管，通过变三通—塑料管—阀门—塑料管—弯接—塑料管（直径2厘米左右），最上一小段与菇床平行的塑料管作为出水口，高出菌筒30厘米以上。出水口与等粗的塑料管一端用软塑管连接，两边用铁丝扎紧。支管与畦床等长，另一端封密。

（2）微喷安装

管上部正中每隔1米安装1个微喷头。菇床正中部位每隔1米左右插一段小竹，与出水口等高；用小铁丝绕管一圈后，将两端插入竹洞中固定。

（3）水源引用

山区农村一般将深山泉水引到各户作自来水的水源，可用引水管深埋于地下。如果水源高出菇场10米以上的，即可直接将自来水接到菇场主管。菌筒需水时只要将阀门打开，雾化水立即均匀喷向菌筒。另一种采用功率1.5千瓦的潜水泵抽取井水，接进菇场主管即可。如果水泵电源处加装电子控制器，则可事先调节自动控制每天的喷水次数和每次的喷水时间，使用更方便。

（4）微喷效应

覆土栽培采用微喷技术，能够创造适宜的小气候来满足夏季长菇的环境要求。经过冷凉的井水或泉水刺激，有利提高夏菇产量；水质净化，菇体清洁，使覆土的香菇质量达到有机栽培标准要求；操作简便，节省浇水花工，因此容易被菇农接受使用。

8. 不同地域创新反季节绿色栽培

香菇反季节栽培已成为各地产区提高种菇效益的一种手段，由于各地所处纬度、海拔高度、气候差异甚大，栽培方式、适用菌株都有不同之处。下面总结南北省区不同地域反季节栽培的创新技术，供同类型地区菇农仿效应用。

（1）北方冷棚反季节栽培

冷棚反季节地栽香菇，已成为近年来北方发展香菇生产行之有效的新技术。它具有用地少，实用面积大；一年投资，多年受益；产量高，菇质好的优点。该项技术系辽宁省新宾满族自治县多种经营局研究成功的。以下根据尚士民、于庆辉报道的资料整理，供各地实践中参考。

①冷棚构建。选择有水源，远离污染源，通风良好，含沙石少，旱能灌、涝能排的房前屋后空闲地或耕地。

冷棚长 40 米，宽 7 米，棚中心高 2 米，棚内安排为 8 畦，畦宽 55 厘米，实际栽培香菇面积为 171 米^2。（见图 3-3）

②培养料配制。每棚用阔叶木屑 2500 千克（其中粗细木屑各 50%），新鲜麦麸 500～600 千克，石膏 40 千克，磷酸二氢钾 5～6 千克，培养料含水量 60% 为适，提前预湿，培养料要混拌均匀。配制后应及时上锅蒸料，封锅后温度到达 100℃ 保持 2～3 小时；然后趁热出锅，装入袋

内，放在阴凉通风处单个摆放，迅速冷却至 28～36℃，严防酸料。

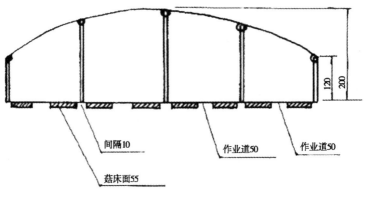

图 3-3　冷棚剖面图（单位：厘米）

③适时播种。土壤地表 5 厘米内温度达到 10℃时进行播种，一般在 4 月 5 日前为佳，但最晚不能超过 4 月 15 日。菌种选择辽宁 1363 为主，菌龄 60 天，经低温扶壮。每 667 米^2 面积用栽培种 2250 千克以上（2500 袋，袋重平均 0.9 千克），加大菌种量。播种时畦床先铺上地膜，采用混播加面播方法，料内混入 2/3 菌种，表面铺种 1/3，培养料厚度为 7～8 厘米，压料后 6 厘米左右；并在料面上每隔 2 米扎一个直径 2 厘米眼直透底部地膜。播后料面不放通风草，只盖一层报纸，再覆盖地膜或盖一层草帘。

④发菌培养。冷棚培养香菇的发菌期间要求暗光，严防料面失水，以利于菌丝生长。播种 3～4 天后，每天早晨在料面覆盖物上喷水 1 次，连续喷水 20 天以上，待菌丝布满料面后，可以不喷水或少喷水。此期间要经常检查菌丝的生长情况，增加通风增氧。播种后 15～20 天，地面温度最好保持在 10～13℃为佳，实行低温发菌。20 天后由于气

温上升，通过浇水和增加通风量调整棚内的温度和湿度。为防透光通风，只掀开大棚南北方向的塑料，不掀开草帘。料面失水，出现菌丝发黄现象，说明严重缺氧，此时要利用早晚加强通风。

⑤出菇管理。播种后1个月左右，菌丝穿透整个培养基，上下菌丝一致，里面木屑呈金黄色；菌丝含量多、洁白健壮，表面有吐水现象，并有瘤状物出现。此时说明已完成营养生长，应撤掉畦面覆盖物，要给予散射光照，加强通风。先将大棚底部塑料卷起至50厘米高，草帘不动，再将畦床两侧地膜提起，系在围杆上，以利自然通风。转色期要严防料面失水和温度低于20℃。注意薄膜不可贴在培养基上，在调整好温度、光线、湿度、空气的条件下，10天左右即可形成褐色菌膜，并出现分布均匀的瘤状物，这时转色基本结束。转色结束后打开薄膜，拉大温差至10℃以上，夜间开门，打开通风孔，浇冷水，提高空气湿度。根据培养基转色程度进行适当的敲震刺激，1周左右就能形成原基出现菇蕾。在幼菇伞径2厘米以内，棚内空间湿度要达到90%左右；当幼菇长至2厘米以上，应逐渐降低棚内湿度和温度，做好通风。

（2）华北杨树林下育菇

北方省区夏季利用杨树林下进行反季节栽培香菇，具有独特自然环境优势，且管理方便，效果良好。这里根据河北省廊坊市农林科学院王俊山等报道，整理介绍如下。

①林地整理。选择当地5年树龄杨树人工林，株行距为3米×4米。郁闭度80%，地势平坦，土壤含沙量大，透性较强。在林下行间沿行向设计小于40米长、1.5米宽的长畦，搭建拱棚。

②菌株选择。选用较耐高温的武香1号，其菌丝生长

温度为 5～35℃，最适温度 22～25℃。菌袋规格为 40 厘米长，直径 9 厘米，每袋装料重约 1.9 千克，按常规装袋、灭菌和接种。

③菌袋培养。在发菌棚内，当菌丝全部长满袋后，于 4 月下旬将菌袋运至林下场地脱袋排筒。采取交叉斜靠于畦床铅丝上，菌袋与地面的夹角以不大于 15°为宜。养菌完毕后菌筒用钉板打孔透气，每个菌袋均匀打 30～50 个孔，孔深 0.5 厘米，菌丝进一步生长、倒伏，并形成深褐色的保护膜，这样历时 20～25 天完成菌筒转色。

④出菇管理。菌筒转色后，经温差刺激、震动刺激或注水刺激即可出菇。

由于菌筒在林下放置时间已近 1 个月，菌筒失水较多，此时应注水补充水分，并获得必要的刺激。具体做法是：用注水器给菌筒注水，使其恢复到 1.6 千克左右。一般注水后 3～5 天便出现菇蕾，再过 4～5 天，当菇体达到七成熟，菌盖的菌褶出现量达到菌盖一半时即可采摘。一般可持续采摘 7 天左右，然后养菌 20 天，再注水等待下一潮菇出现。

(3) 南方高山反季节架层栽培

近几年来闽、浙等地菇农利用高海拔山区夏季自然气候凉爽条件，搭建菇棚，内设 6～7 层培养架，排袋育菇。其主要技术如下。

①季节安排。夏季产菇应在 9 月中旬开始准备培养料，11 月中旬完成料袋制作接种，翌年 4 月完成菌丝体转色，5 月上中旬进入始菇，10 月底产菇结束。产菇期为 5～6 个月时间。

②选准菌株。夏季长菇的菌株，应以高温型或广温型菌株为适。现有常用 L808 菌株，适应性强，其菌丝生长适

温为 5～33℃，菌龄 130 天左右；出菇温度范围为 12～25℃，最适温度 15～22℃；6℃以上的昼夜温差刺激，形成菇蕾，产量较为稳定。反季节栽培，各地选育不少菌株，但只要是高温型，均适于夏季长菇。低温型或中温偏低型的菌株，均不适于夏季长菇，切不可采用。

③培养基配制。适用的培养基配方为：杂木屑 80%、麦麸 18%、食糖 1%、石膏粉 1%，料与水比例为 1：（1.1～1.2），含水量 60%～65%，pH5.8～6.2。也可用杂木屑 68%、棉籽壳 15%、麦麸 15%、石膏粉 1%、过磷酸钙 1%。各种原料在加水之前均匀搅拌 2～3 次，然后加水调节含水量至达标，及时转入装袋工序。栽培袋分内外双重，内袋采用香菇专用保湿袋，规格 15 厘米×50 厘米×0.015 毫米，外袋 15 厘米×50 厘米×0.05 毫米，均为高密度低压聚乙烯成型袋。采用装袋机装袋。要求装料紧实、均匀，装好后扎回形口，每袋湿重 2.0～2.1 千克。装袋后常压灭菌，100℃时保持 20～24 小时。达标后及时卸袋，排放在清洁卫生的环境中，冷却至 30℃以下。

④接种养菌。接种室提前进行气化消毒，然后点燃酒精灯，用直径 2.5 厘米的打孔器在料袋的正面打 4 个接种孔，孔深 2.5 厘米左右。迅速接入菌种，接种后的菌袋为了防止杂菌浸染和菌种干枯，再套上 17 厘米×55 厘米规格的保护袋，并扎好袋口。培养室要求洁净、干燥，相对湿度 70%以下，通风良好，避光。温度 23～25℃，适时、适量通风。培养 15 天，菌丝长至直径 8 厘米时将保护袋脱去。

⑤刺孔转色。当菌丝生长圈将近对接时，将菌袋排放在培养架上，并进行第一次通风；当菌丝布满全袋后进行第二次通风。菌袋表面出现部分白色瘤状物突起时进行刺孔，每袋刺孔 20～25 个，以排除废气，促进菌丝进入转

色。刺孔时注意气温变化，室温超过 22℃ 时不宜刺孔；气温偏高时，要分批刺孔，防止烧菌。

⑥出菇管理。当袋内菌丝转色达到 90％ 以上，并有少量菇蕾出现时，脱去菌袋的外袋，保留保湿袋，但要注意勿伤保湿袋。脱袋前结合拍打催蕾。方法是将两个菌袋互相碰一下，以促进菇蕾发生。气温 20℃ 以下时选择阴天脱袋，如果温度超过 22℃ 不宜脱袋。通过拉、合菇棚的围膜、盖、揭菇棚的遮阳网，以及菇棚内外进行喷水，促进更好长菇。夏季长菇期温度越过 25℃ 时，棚顶加盖一层遮阳网或茅草，上午 9 时至下午 4 时可向菇棚内喷洒清水，使菇蕾正常长大，顺其自然顶破免割袋膜，子实体便长出袋外。从原基分化到采收，一般需 4～5 天。成菇采收后的菌袋及时补水，促使菇蕾继续发生。

三、高品位花菇绿色培育技术

花菇为香菇中的上品，外观美丽，肉质肥厚，口感幼嫩，营养丰富，是我国食用产品出口的名优品牌，价格比普通香菇高 1～2 倍，栽培者普获较高的经济效益。花菇采用架层培育多发生在寒季，其设施和自然生态条件符合绿色栽培，只要在管理上按照技术规程操作，就可达到要求。

1. 花菇培育季节

根据花菇成因条件分析，袋料栽培花菇的最佳产季，南方应是秋冬，此时低温、低湿、温差大；而长江以北严冬温度极低，应以春秋季节适温、干燥、温差大，有利原基分化菇蕾。我国南北各省区所处纬度和海拔不同，气候差异甚大，花菇产出期有别。以下列举 4 个有一定代表性气候的花菇产区，供栽培者在应用时对照。

（1）南方

福建寿宁县位于长江以南，属中亚热带地区。年平均气温 13～19℃，降雨量 1550～2250 毫米，无霜期 210～280 天。雨季常在 2～6 月，秋末冬初后，晴多雨少。气温低于 20℃时，花菇产出期常从 10 月开始，到翌年 2 月中旬，月平均气温在 15～20℃，产菇量约占总产量的 89%，此时正值国外鲜菇"火锅料"畅销期，菇价最高。常用低温型 L135、9015、L939、南花 103 等长菌龄的菌株；2～3 月份菌袋接种，发菌培养 5～6 个月，菌袋度过炎夏，10 月上架出菇。寿宁的气候与浙江、江西、湖北、湖南、四川、贵州、广东北部和安徽南部的气候有相似之处。

（2）中原

河南泌阳县位于中原地带，属典型的浅山丘陵区，大陆性季风气候，年平均气温 14.7℃，降雨量 933 毫米，无霜期 223 天，秋冬和早春气候干燥，雨量极少。常用菌株为中温偏低型的短菌龄菌株 L087、农 7、Cr62、856 等。菌袋接种期 8 月中旬，发菌培养 2 个月。11 月上旬开始进入花菇产出期，此时温度常在 15℃左右，收一批花菇。春节前在菇棚适当加温，可收第二批菇，节后再收一批花菇，其后转产普通香菇。泌阳气候同山东南部、江苏、山西南部、安徽北部、河北南部、湖北北部、陕西南部等地区有相似之处。

（3）华北

河北平泉县位于东北部，距北京 300 千米，所处纬度 40°～41°，平均海拔 540 米，其中北部 1729 米，南部 335 米。年平均气温 7.4℃，属于大陆性季风气候，年降雨量

540 毫米。采用保护地日光温室培育花菇，选用低温型长龄菌株 L135、9015、L939 等。菌袋 3～4 月接种，养菌越夏，9 月上旬上架，11 月下旬至翌年 5 月为花菇产出期。平泉的气候与山西北部、陕西北部、山东北部、河南北部、江苏北部等地区的气候有近似之处。

（4）东北

黑龙江大庆市位于东北，年平均气温 3.7～5.6℃，降雨量 442 毫米，无霜期 135～150 天，夏季气温超 30℃ 的炎热天只有 7～10 天，基本是一个没有夏天的典型高寒地区。花菇栽培采用低温型、长菌龄的菌株，如 L135、L939、9015 之类，菌袋 3 月份低温接种，加温发菌培养 5～6 个月；或选用中温偏低型、短菌龄的菌株，如 Cr62、Cr66、087 等，7 月上旬（平均气温 23.5℃）菌袋接种，菌龄 2 个月左右。上述两种不同时期接种的菌袋，其生理成熟时间，前者 8 月下旬（平均气温 20.5℃），后者 9 月（平均气温 15℃），此时月平均气温都在 15～20℃，正适合花菇生长，进行上架排袋培育花菇十分有利。10 月份平均气温 7.9℃，可以人为调温长花菇。菌袋越冬，翌年 4 月解冻后，花菇照常生长。大庆地区与辽宁、黑龙江、吉林、内蒙古、甘肃，以及西藏等高寒的北方地区同类型。

2. 花菇适应菌株

花菇形成不是其所固有的遗传特性，并非种性特征。一般而言，绝大多数的香菇菌株，在长菇阶段能满足花菇成因环境条件下都能形成花菇，但成花率高低差异甚大。但有的菌株由于种性固有特征，难以形成花菇，如 Cr04、Cr20、8500、广香 47、7945 等高温型菌株，以及菌盖表面较厚、裂纹较难的 241 菌株。此外 7925、7401、9151、L12、8210、L507 等都不宜作为培育花菇的菌株，这一点应引起注意，避免引种失误造成不能形成花菇。适用培育花菇的菌株及种性特见表 3-7。

表 3-7　适用培育花菇的菌株及种性特性

代号	出菇温度（℃）	适应范围	形态特征
L939	8～22	海拔 600 米以上，春栽	大叶型，菌盖肥厚，朵圆正，鳞片明显，不易开膜，盖面褐黄色；抗逆力强，菌龄需 160～180 天，低温环境菇蕾易发生，成花率高
南花 103	8～24	海拔 600 米以上，春栽	大中叶型，菌盖圆正不易开伞，肉厚紧实，柄短小。菌龄 160～180 天，容易成花菇
L135	6～18	海拔 600 米以上，春栽	中叶型，菌盖肥厚，卷边圆整，不易开伞，盖面茶褐色。菌龄需 160～180 天，花菇率高，白花比例多
9015	8～22	海拔 600 米以上，春栽	大中叶型，菌肉肥厚，组织致密，盖面黄褐色，有鳞片，柄粗长。菌龄 180 天，成花率高
9109	8～20	东北、高寒山区，春栽	大中叶型，单生，肉厚，盖面深褐色，裂纹深，花菇率高。适于生料开放式栽培，60～70 天出菇

代号	出菇温度（℃）	适应范围	形态特征
8911	8~18	东北、平原，春栽	中大叶型，单生，朵圆正，肉肥厚，色深褐，菌丝抗逆力强。适于大棚生料床栽，60~80天出菇
申香1513	16~22	华东，春秋栽	中大叶型，原生，肉厚，鳞片白色，菌丝抗逆力强，柄偏短，菌龄105~110天
昌盛818	12~22	中原，春栽	中大叶型，质地紧密，朵圆正，浅褐色，易形成花菇，菌龄100~120天
庆科20	8~20	低海拔平川，秋栽	菌盖褐色，菇形圆正，柄粗短，抗逆力强，菌龄90天左右，产量高，花菇率高

现有华东、东北、西北、西南等地科研部门，积极配合花菇生产所需，选育了适合当地气候的新菌株。栽培者可根据当地海拔高度、纬度、栽培模式，因地制宜选定当家菌种。

3. 花菇带袋转色管理技术

培育花菇的菌袋与常规栽培菌袋，两者的转色管理大有区别，花菇是室内带袋自然转色，普通香菇是野外脱袋喷水转色。花菇带袋转色管理上，注意掌握以下技术环节。

（1）严格控温

菌袋通过最后一次刺孔透气后，袋内菌丝体活力增强，加快新陈代谢，袋温明显上升，堆温和室温也随着提高。

为此培养室内要加强通风降温，袋温控制在 25℃ 左右为适。尤其是长菌龄的菌袋，应尽量采取措施降温，让菌袋安全度夏，防止超过 30℃。

（2）适度光照

转色前要求避光培养，如果光线强、温度偏高的情况下，菌袋进入最后一次刺孔后，12 天就开始提前转色，并少部分吐黄水，这就会导致转色过快，变为黑褐色，菌被增厚；后期出菇少而慢，影响后期出菇，甚至没出菇就烂筒。转色期要给予适宜的散射光，一般光照度 200～300 勒有利菌丝体转色。

（3）刺放黄水

在正常温度下菌袋培养 50 天左右，瘤状菌丝开始分泌出清水、黄水、红水或棕红水，这是代谢过程正常现象，标志着菌丝生理成熟。当菌袋内出现黄水时，要及时进行刺孔，让黄水从袋内排出。放黄水有利于菌被厚薄均匀，有效地调整袋内的含水量，为花菇生长创造适度的水分基质；同时可避免因黄水淤积袋内，造成局部菌丝体自溶，导致污染杂菌而烂筒。

（4）难症补救

花菇菌丝转色阶段，由于受薄膜袋的包裹，接触氧气少，外界水分不能吸收，所以要比常规香菇脱袋排筒栽培法转色难得多，这是一个特殊性。解决花菇不转色的技术措施，主要是认真观察，区别现状"对症下药"。

①转色失常。发菌期由于低温或接种错过最佳季节，菌丝未能正常转色的，可将菌袋集中在菇棚内，重叠堆码，上面罩紧薄膜，使菌温、堆温自升，掌握不超 23℃，时间 2～3 天。然后揭膜重新上架摆放，使菌丝加快发育，进入新陈代谢，促其转色。

②菌筒脱水。因培养期受光线照射水分蒸发，致使菌筒失水，可用注射器输入清水，以基质含水量不低于50％为适。补水后菌丝很快恢复正常生长，促进尽快转色，且受水刺激后也起到催蕾作用。

③菌丝干缩。菌丝表层干燥、有些萎缩的，可将菌袋刺20～30个针孔，然后摆放在菇棚内的畦床上面，时间3～4天，让地湿渗透进袋内，菌丝即可正常生长进入转色，然后上架摆放。

无论属哪一种原因造成菌丝不转色的，除上述"对症下药"外，都必须进行温差刺激。因为温差刺激可促使菌丝自身为抵制不适环境，而加速新陈代谢，分泌色素，使菌丝形成保护膜，迅速从营养生长进入生殖生长，菇蕾就会尽快出现。

4. 高棚多层培育花菇技术

（1）高棚特殊要求

高棚架层集约化立体培育花菇的菇棚，在构建中有其特殊性，具体表现在以下五方面。

①场地选择。花菇栽培场地除按照有机栽培环境条件外，还要按其特殊要求，选择空气流通、冬季有西北风吹动、秋冬日照时间长、地下水位低、近水源的山地或旱地及排水性好的地方。

②菇棚结构。高棚架层是由外遮阴棚和内塑料大棚，设多层栽培架，地面防潮覆盖物组成。菇棚四周设有排水沟，还有水管接到棚内，供补水用。菇棚长10米，宽2.8～3.2米，肩高1.8～2米，棚顶高2.4～2.5米，可摆放1500～2000袋，需毛竹或木材700～800千克，8米宽塑料薄膜13～14米，遮阳网或草帘10米，铁丝、塑料绳、透明胶带若干。

菇棚四周应保持有 2 米的开阔地，以免影响通风。

③荫棚搭盖。棚高 2.4 米左右，用竹、林木搭成，支柱设在走道旁，菇棚南北窄、东西长，便于空气流畅，四周遮拦物不宜过密，以利微风吹动，带走水分。越夏期间，如菌袋放在棚内，遮阴物要厚，可用茅草等，达"一阳九阴"。秋冬季出菇期间，遮阴物逐步稀疏，只要棚内温度不超过 20℃，尽量增加光照。特别是冬季低温季节，光照能提高菇棚内温度，加强蒸腾作用，使菇体表面水分蒸发变干，促使花菇形成。

④架层配备。培养架可用木材、毛竹搭建 4～6 层，层距 30～40 厘米，底层离地面 15～20 厘米，架宽 40～45 厘米。中间两排并拢，两边各设一排，左右两面操作道距离 60～70 厘米。在棚内不同部位挂几个温湿度计，以便随时观察调控温度、湿度。

⑤地面防潮。棚内地面用塑料薄膜或油毛毡覆盖。若土壤干燥的，也可以在地表铺一层干沙子。

（2）菌袋摆架方式

菌袋进棚逐筒摆放架上，具体技术规程如下。

①上架时间。视菌株特性和场地条件而定，越夏前排场上架，如栽培量大，发菌室不够用的，接种后可把菌袋挑到棚内发菌和越夏。始菇期来临之前平均气温在 23～25℃ 的季节，进行菌袋排场上架；也可以在 20℃ 终日至 15℃ 终日期间选择适合的天气，待菌袋有零星菇蕾发生后，再排场上架。

②区别菌情。L939 菌株可在 9 月份平均气温 20～22℃ 时上架；而 L135 菌株不宜过早上架，以防光照，引起菌膜增厚，影响出菇时间，因此只能在 20℃ 终日后现蕾时上架。菌袋含水量偏低，转色不好的，可推迟上架，因此类菌袋

一经搬动就出菇，影响菇质；凡含水量偏低的菌袋，可排放在架层近地面的 1～2 层；含水量偏高的菌袋，可稍加拍打刺孔后上架。

③调好袋距。袋与袋之间的距离要根据气候和菇棚位置而定，如若气候干燥，田野菇棚通风条件好，袋间距 5～10 厘米；如果菇棚在庭院旁边，通风条件差，光照不足，袋间距适当宽些，以 10～15 厘米为宜。要求袋与袋之间互不影响通风与光照，以利花菇形成。

（3）产前护理技术

菌袋上架后，棚内温度以 15～20℃，空间相对湿度 80％～85％为适。出菇前 6～7 天，高海拔地区于 9 月下旬至 10 月上旬、日平均 20℃左右时，对转色较深、菌膜较厚、含水量偏高的，进行刺孔。

花菇菌袋长龄菌株，培养时间长达 5～6 个月，菌丝新陈代谢消耗较大，基内含水量必然下降；或菌袋长菇之后水分消耗已尽，袋内明显缺水，如不补水，菇蕾发生较难。因此，补水是花菇催蕾产前护理的重要环节，菇农称之是现蕾前"壮体水"。

补水时可采取集池泡浸：把菌袋顺序排列集中于浸水池内，至全部淹没菌袋为止，对菌膜偏干的菌袋采用浸泡方式更好；也可采用注水器输水，其优点是流量可控，不至于超标过饱。菌袋注水时水温要比菌温低 5℃以上，使其形成温差刺激。特别是菌膜偏厚的菌袋，在冬季气温低，菌丝呼吸量较弱，注水时要抓住暖流来临的天气，先把菌袋堆叠，上盖薄膜，暴晒 2～3 小时，待堆温达到 20～25℃时，进行注水效果更好。

（4）花菇催蕾方法

菌袋生理成熟转色进棚上架排场后，由营养生长转入生殖生长，也就是菇蕾发生阶段。此时正值深秋和初冬，气候寒冷，菇蕾发生与自然生态条件不相适应，为此必须进行人工催蕾，方法与操作技术见表3-8。

表 3-8　花菇催蕾方法与操作技术

催蕾方法	操作技术
群集调控	补水后的菌袋沥去多余水分，一袋一袋地竖立于地面，上覆盖薄膜，盖草，通过掀盖薄膜等调控温度、湿度、通风和光照。一般通过地面催蕾后3～5天可整齐现蕾
拍打刺激	一手拿起菌袋，一手用刺孔器拍打菌袋，或将两个菌袋提起相互碰几下，空气相对湿度控制在80%～85%，温度控制在8～21℃，管理4～8天，大部分菌袋就产生菇蕾
注水基内	对于含水量偏低的菌袋，或采菇后经养菌的菌袋，用注水器往菌袋内注水催蕾，效果十分明显
光照保湿	把菌袋以三角形堆叠8～10层，上盖一层稻草，再覆盖薄膜，每天在阳光下放置4～5小时，堆温不宜超过25℃，重复4～6天后，大部分菌袋发生菇蕾
生态控制	白天揭开棚膜，接触自然气温；晚上18时左右把菇棚薄膜罩紧，然后进行升温加湿，保持12～15小时。当菇体产生大量裂纹后，开始升温排湿。第一次排湿棚温降到30℃，保持2小时左右；当袋温降至15℃时揭膜5～10分钟，再盖膜到天亮后，揭膜晾晒，促进菇盖迅速形成裂纹

（5）疏蕾控株技术

花菇疏蕾与果树疏果目的一样。袋内出菇，菇蕾不规则发生，有的密集，有的散生。每一个菌袋的营养是有限的，若菇蕾过多，不仅蕾小且互相挤压，畸形菇多，品质差。所以要培育高产优质的花菇，就要进行疏蕾控株。采取选优去劣，选留菇形好、距离均匀、大小一致的幼蕾，留蕾量多少，视菌袋大小而定，15～17厘米的菌袋宜选留5～7个，24厘米大袋可选留6～8个。对未被选取的劣蕾，用手指在袋面按压蕾体，使其萎缩，减少菌筒的养分和水分的消耗，使袋内营养集中往选定的单株蕾体上输送，促进优质花菇生长。

（6）护蕾保质技术

菇蕾经过割膜破口长出后，进入幼蕾生长期。护好菇蕾是花菇培育的基础，在管理技术上强调"四到位"。

①保湿防风到位。幼蕾适应环境能力弱，从基内得到的水分不够其蒸发。若通风过度，空气过于干燥，会导致盖面失水而萎缩。北方秋冬气候干燥，菇棚内常用增湿机增湿，使空间湿度保持85%为适，让其慢慢生长。但湿度不宜过大，以免菇体长速过快，组织松软，不利于表面开裂。

②适温控速到位。幼蕾期温度应控制在8～18℃，使其缓慢生长，促成组织紧密，菇体加厚。冬季气温低时，加温培养有利幼蕾正常生长。

③增加光照到位。冬季或早春，可把菇棚盖物全揭，要给予充足的直射光。晴天让阳光直照，有效提高花菇品质，但菇蕾2厘米以下时，不可直接照射。遮阴物过密，不易形成花菇；光照不足，花菇颜色不白，在护蕾中都要

注意。

④避免挫伤到位。在管理操作过程中，要保护菇蕾的完好性，不要让菇蕾碰撞挫伤，以免影响花菇朵形外观。

（7）蹲菇壮体管理

菇蕾经过选留护蕾后进行人为约制，使其逐步生长发育至菇盖2～2.5厘米之前，称为蹲菇期。管理上主要是控制温度在6～12℃，空间相对湿度控制在70%～80%，使幼蕾在受约束的环境条件下缓慢生长，目的是促使菇体组织紧密、肥壮、饱满、养好菇体，为下一步进入人工催花打下基础。

（8）催花保花技术规程

催花是指人为创造条件，促进菇盖表面裂纹形成的过程。在催花和保花管理过程中应注意内部因素与环境因素的协调，具体技术见表3-9。

表3-9　菇蕾催花保花技术措施与操作

技术措施	具体操作
菇蕾标准	菇蕾直径长至2～3厘米时，是催花的适期
合理通风	当菇蕾生长至2～3厘米大小时，应掀开东西走向作业口的薄膜，并把四周罩膜拉高，以利通风，促使菌盖裂纹
引光增白	秋冬季气温低，在温度12～15℃范围内，直射光有利于花菇裂纹增白。光源调节方法，可采取拉稀棚顶遮阴物，甚至全部揭开，让直射光透入
控湿裂纹	空气相对湿度控制在50%～60%，促使盖面顺利形成花纹
适温育菇	温度调控在最适宜花菇生长的10～15℃，以获取高产优质花菇

（9）春季花菇管理

入春后气温逐日升高，且江南及中原地区降雨连绵，空间湿度增大。菌袋经过秋冬长菇，凹陷伤疤满布，基质衰弱收缩，自身条件和春季外界生态不成正比，致使较难形成花菇。如果没有采取特殊措施，也只好脱袋转入培育光面厚菇，晚春生长薄菇。北方早春气候转暖较迟，东北诸省"清明"才解冻，仍可在春季长出花菇。

①补充水分。入春后的菌袋内含水量较低，必须注水，增加基内水分。也可以采用过磷酸钙、葡萄糖等制成混合液，浸筒补充养分。

②因时催花。早春气温低时，如果菇蕾表面干燥可喷水增湿，下午2～3时当棚内大量菇盖产生裂纹时揭膜。晴暖天气，如果菇蕾白天通过晾晒风吹表面偏干，可在夜间盖膜增湿。当菇盖湿润时，进行加火升温；同时加大通风排湿进行催花。大雾天气不揭膜，棚内加温排湿至雾状消失时揭膜通风。

③控湿保花。雨天可在早上加温排湿3～4小时，加温时火力要比平时大1倍，并加大排气量，让棚内湿度在较短时间内降到70％以下。如菇盖边缘有明显干燥缺湿现象，可在下午揭膜或把两旁的薄膜撑起，让外界湿气透入，使其增湿，如此即可照常生长白花菇。

④防止烂筒。晚春气温升高，常出现菌筒霉烂，多因绿霉引起；有的因注水过饱，又遇高温，使菌丝解体。防止办法：补水或浸筒后，应置于通风干燥处，让菌筒表面干燥。对已污染杂菌的应淘汰处理，并加大通风量，保持棚内空气新鲜。

（10）复壮再生花菇技术

花菇采收后，袋内原有的养分大量消耗，菌丝体生殖能力下降，如不生息养菌复壮，势必影响继续长菇。养菌复壮应掌握好以下 4 点。

①生息养菌，掌握时期。以采完菇终日起 7～10 天，气温低时延长至 15 天，让菌丝体在这一间歇期内恢复健壮，在原采完菇后留下的凹陷处菌丝发白、吐出黄水时，说明菌丝复壮生理成熟。

②控制适温，避免强光。生息复壮阶段，温度以 23～25℃为适。冬季气温低，可把菌袋集中在菇棚内，按井字形重叠 5～7 层，上面盖草帘或秸秆，起到保温遮光作用。温度低时复壮较慢，如果光线太强，会刺激原基过早出现，影响第二茬菇质，因此要控制光线。

③补充水分，控制湿度。随着长菇茬数的增加，菌袋含水量比原有明显减少时就应补水。补水后袋内含水量前期 50％～58％、后期 45％～50％。24 厘米大袋第一次补水后的重量达到 4.3 千克左右，第二茬菇收后，补水达到 3.5～4 千克即可，第三茬菇收后补水到 3.3～3.8 千克为宜，形成一个逐步减少的梯度。菇棚内相对湿度控制在 70％～75％，形成内湿外干的养菌环境，有利菌丝复壮。如果此时空间湿度过大，会出现提前长菇，但菇质次，一遇寒冷天气，菇蕾容易萎缩。

④适当通风，更新空气。复壮期棚内适当通风，确保空气新鲜。补水后的菌袋，气温正常时直立排放在地上让风吹，迫使其表皮干燥，夜间覆盖薄膜，经 5 天左右的管理，袋内菌丝体即可复壮，并继续长菇。

5. 北方日光温室立体培育花菇技术

我国黄河以北的晋、冀、京、津、陕等地区气候干燥，昼夜温差大，具有花菇生产得天独厚的自然生态条件，尤其是长城沿线的燕山山脉前盆地区，已成为我国北方商业性规模生产花菇基地。其具体技术如下。

（1）日光温室设施

北方日光温室俗称塑料温棚，建造标准要求东西向、坐北朝南方位偏西5°左右。室宽6.5～8米，长度不限，温室脊高与宽比为1：2.5，前后两室间距不小于5.5米。温室搭5～6层培养架。温室性能指标：冬至季节室温7℃以上，通过加厚草帘、引光增温可达到15℃以上；采取调节草帘比例控制光线多与少，室前面平均相对光照可达到60％以上；抗雪负载20千克/米^2，抗风负载30千克/米^2，最大负载100千克/米^2。

（2）生产季节

北方花菇生产季节分为春栽和秋栽。春栽4月下旬接种菌袋，9月下旬进日光温室转色，10月初至翌年5月长花菇；秋栽8月下旬至9月初接种菌袋，11月至翌年5月长花菇。按照不同气候特征，因地制宜确定生产季节。

（3）菌株选择

适于北方高寒地区的菌株，春栽长菌龄、晚熟菌株，如241-4、L393、L135之类，菌龄160～180天；秋栽宜用短菌龄、早熟菌株，如Cr62、L087、农7、L856、申香6号等，菌龄60～75天。注意：两季使用菌株温型不同，切不可误用。

（4）菌袋培养

栽培袋17厘米×55厘米中袋、25厘米×55厘米大袋、15厘米×55厘米小袋3种不同规格均可。培养基按常规进行配制，装袋、灭菌、冷却。采取双层套袋不封接种口。发菌培养温度23～26℃为适。春栽低温接种污染率低，但需加温发菌，菌袋度夏注意防高温，8月中旬菌袋刺孔通

80

风，有利菌丝正常发育，同时也避免袋内缺氧影响菌丝生长。"中国食用菌之都"古田县闽耀机械厂生产一种香菇菌袋"打孔增氧机"，其生产效率每小时 800～1000 袋，每袋均匀打 40～60 个孔，增氧透气，有效提高出菇率。秋栽时遇高温，注意通风，疏袋散热降温。两季养菌后期均需散射光照，以利原基发生。春栽的花菇品种菌龄较长，需越夏。高温期发菌应注意的是：接种后菌丝发到 8～10 厘米直径时，脱掉外套袋，从接种口处进氧增温促进发菌；接种 10 天后每隔 8～10 天翻堆检查杂菌，并变换菌袋摆叠位置；发菌期间通氧 2 次（高温期不可通氧），并及时进行降温；保持通风、遮光。

（5）转色诱蕾

采用转色划口不脱袋出菇。春栽的于 8 月中旬开始打孔通氧，促使原基形成；出现转色迹象时给 20%～30% 的散射光线，加大昼夜温差达 8℃ 以上，转色一半以上时转场搬进温室上架摆袋。此时通常在 9 月下旬或 10 月初。搬运时轻拿轻放，防止暴发性出菇。温室经 3～5 天日晒后喷石灰水，降低酸性环境，防止病原菌污染。秋栽菌龄 2 个月，约在 11 月搬进温室上架摆袋，并进行日夜 10℃ 以上温差刺激，诱发菇蕾发生。当菇体长到 1 厘米时，进行选优去劣，疏蕾控株，用刀片划破袋膜，促进选留的菇蕾生长。温室内相对湿度掌握 70% 以下，并增加散射光照，使菇蕾正常生长。

（6）蹲蕾催花

日光温室秋季温度往往高于子实体生长的 15℃ 温区，相对湿度均在 85% 以上。为使菇蕾培育达到肥厚的目的，温度应控制在 10～15℃，可通过调整草帘，将室温调节至适于菇蕾生长发育的温度；同时室内底部盖膜要敞开，加大空气对流量以降湿，相对湿度控制在60％，维持7～10天，菌盖产生裂纹，菇体逐渐膨大，达到催花效果。

（7）保花保质

菇盖成花后，白天揭开草帘，让光源直射菇体，温度10～20℃，保持室内空气流量，确保有足够氧气。室内空间湿度不超65％，使盖面裂纹逐步加深，增加白度亮度。保花半个月以上，即可育成优质白花菇。日光温室秋冬育花菇，温度不成问题，而难以控制的是相对湿度，尤其雨雾天气，如果催花保花阶段排湿跟不上，必然造成白花变褐，纹理变弱，形成荷花菇。

四、香菇工厂化绿色生产技术

随着我国食用菌工厂化生产进入品种调整的新常态，香菇已成为众多企业由原产金针菇、杏鲍菇、海鲜菇转向的一个目标；而且随着"一带一路"倡议的实施，作为在国际市场享有较高声誉的香菇，亦成为发展前景看好的品种。

1. 现有香菇工厂化生产模式与焦点

现有部分企业投入大量资金运作香菇工厂化生产，且取得理想效果。转型成功的有3种模式：一是公司＋农户。企业专门生产菌包，培养生理成熟后，供应菇农培育长菇，产品由公司统一收购出口或内销。二是专业生产菌包供应出口。福建省古田县宏春农业开发公司菌包出口韩国、日本及新西兰等国家，由国外菇场育菇上市。三是专业代菇农加工料袋。通过现代自动化机械生产线完成搅料、装袋、灭菌3道作业程序，菇农自行接种、发菌、育菇采收上市。上述3种不同方式的香菇工厂化生产，符合国情和农情，所以企业获利，菇农受益。但它只实现阶段性工厂化生产。

香菇工厂化生产从原料开始，到产品收成"一条龙"这种模式，为何迟迟难以形成如金针菇、杏鲍菇、海鲜菇那样的完整体系？关键在于香菇有它的生物特异性：一是菌包培养周期长，一般中晚熟品种养菌需 80～90 天，有的品种长达 150 天，长菇期还需 50～60 天；二是菌丝转色需要一定散射光照和温差刺激，而且诱蕾需震动；三是长菇阶段要求充足的氧气，才能分化正常形态，育成完好子实体，否则变成畸形菇；四是间歇式分潮出菇，收完菇后菌包需补水。由于工序复杂，技术性强，能耗量是金针菇的 3 倍、海鲜菇的 1.5 倍。加之现有香菇工厂化生产完整的技术还未完全把握，因此发展进度缓慢。

从香菇产业发展提升优化，实现绿色高优目标的趋势来看，实施工厂化生产是势在必行之路。以下综合现有香菇工厂化生产核心技术，供实践中参考。

2. 香菇工厂化生产核心技术

（1）品种选择

工厂化生产的香菇品种，要在设定的条件下产出一定量的菇，并在一定时期内齐出菇，尽量减少产菇潮次。因此品种的菌龄应以 80～90 天生理成熟，进入长菇；而且在品质上要求菌盖肉厚，朵形大、圆正，菇体单生的品种为好，诸如 Cr66、L26、广香 47、兴隆 1 号、庆科 212、武香 1 号等品种较适合。

（2）培养基配制

香菇培养基为长菇的载体，它包括配方、搅拌、装袋 3 个环节。

①配方。杂木屑 78%，麦麸 20%，蔗糖 1%，石膏粉

1％，含水量 58％，pH5.8～6.2。原辅料要求新鲜，无霉烂变质，无被雨淋结块，不含沙土杂质，质量应符合绿色产品栽培技术标准要求。

②搅拌。采用铲车将经处理的主料铲入搅拌机内，其他辅料从二楼或搅拌机上端架子上落料，也可以将辅料置于专用液压翻斗内落料，拌匀后使用提升机提料进行第二次搅拌。通常是在搅拌机上方安装有塑料桶，加压水泵电磁阀、截水阀、PV 喷水管及数字时间、继电器等组成喷水系统；也可以采用气阀控制加水量。培养料搅拌时间一般控制在 50～60 分钟。搅匀料后进行测试，常用 MB23 水分测定仪和 pH 检测仪。

③装料。采用全自动装袋机，由机械完成装袋、套袋、扎口、打接种孔、封口各个工序。栽培袋选用低压聚乙烯（HDPE）原料的成型折角袋。袋规格为折径扁宽 15～17 厘米，长 55～60 厘米。要求装料量：15 厘米×55 厘米的袋，湿重 2.0～2.3 千克；17 厘米×60 厘米袋，湿重 2.6～2.8 千克。装料要求装紧装实，袋面无破裂，无刺孔，袋口扎牢。如果采用不打接种穴的装袋方式，在装袋后需在料中心部位打一个孔，贴上透气膜，以便料袋灭菌时泄掉袋内产生的压力。

（3）料袋灭菌

工厂化生产的企业需应用真空蒸汽大型灭菌器，自动化程序高、升温快、穿透性强、灭菌彻底、整柜中无死角。料袋灭菌工序如下。

①装筐进柜。通过自动输送装筐机，把料袋装入筐中，输送至上架机；再将装满料袋的车架，通过输送设备装置或叉车送至灭菌柜内。料袋架之间留一定的蒸汽空间，有利杀灭料袋内的细菌。

②灭菌排气。采用脉动真空蒸汽灭菌及抽真空的办法排除料袋内的空气。为防止袋膜破裂，灭菌程序结束后，采用脉冲排气法，使袋料内部的压力通过透气膜向外部释放。大型灭菌器整个灭菌时间20小时。

③降压出柜。灭菌排气程序结束后，灭菌柜内呈零压时，方可开启后门，用车架料袋筐自动行至后门外侧，叉车将第一个车架叉走后，第二个车架自动运行至后门外侧，等待叉车搬运。

（4）散热冷却

料袋经灭菌后转入散热冷却环节，具体掌握好以下3点。

①散热间要求。料袋灭菌结束后推进散热间，亦称蒸汽排放间。设计时首先要保证灭菌器的出口位于散热间内，确保在蒸汽排放过程料袋处于受保护状态。散热间通风系统采取室外空气循环方式，进风、排风同时开启，使蒸汽及热量在短时间内排出。热空气及蒸汽在空间内处于上升状态，因此排风口位置应高于进风口，使上升的蒸汽和热空气聚集在排风口附近，有利于在短时间内排出。散热间采用耐高温岩棉、铝蜂窝、聚氨酯等净化彩钢板维护结构。

②过滤净化。为了防止进风带进污染源，需要采取三级过滤，即初效段、中效段、高效段。经三级过滤后的新风，送到室内达到相对洁净无菌的环境。排风系统应设有防倒灌止回阀和风机变频调速器，保证排风量小于进风量，达到净化状态，确保灭菌后的料袋处于无害化环境。

③降温冷却。在保证一定洁净条件的同时，进行强制性制冷。采取内循环风方式，并补充总风10％左右的新风，使室内保持正压及氧气的充足。制冷设计应设置在工艺夹层内，相对无菌洁净的冷空气，经过不断循环往复，逐渐降低室内温度，直至达到规定的温度。

（5）净化接种

工厂化企业必须构建净化室，确保香菇菌袋成品率。

①控制污染源。现有工厂化生产企业多采用万级净化局部（垂直流）百级的设计方式。操作人员在百级层流罩下作业，但人的呼吸动作等都会产生一定量的含菌尘埃掉落菌袋，也会造成污染；而且停机后飞扬在室内的尘埃、杂菌会对过滤器造成污染。

丹东洁净化材料公司科研人员邢春双，针对净化接种间的弊端，研究一种水平流百级净化接种间新技术。该设计是将高效过滤器置于顶棚的工艺夹层内，有效避免过滤器在停机后暴露在大环境下带来污染源；并在停机后开启通风夹层内和净化间内的紫外线灭菌灯，有效防止高效过滤器和净化接种间的污染。出风口设在一侧墙体上，并装有均流膜，采用一侧送风、一侧回风的循环风方式，让风以水平单相流动。接种人员面朝均流膜，迎着净化风作业，可有效避免污染物掉落在料袋内。即使掉落也会被净化气流吹至后方的回风处，再经初效、中效、高效过滤器再次过滤截留，使工作区范围始终处于受控状态，实现了无菌净化接种，有效避免"病从口入"。

②接种方式。现有香菇菌种绝大部分是采用固体菌种，也有采用签条菌种。作为工厂化生产的企业，采用液体菌种和胶囊形颗粒菌种是迟早必经之路。使用固体菌种和液体菌种的可采用香菇菌包固体接种机和香菇菌包液体接种机。采用签条菌种的，在培养料装袋时先预埋打洞棒，接种时解开袋口扎绳抽棒后，将菌种接入洞中，并扎好袋口。使用胶囊颗粒菌种的，通过专用接种器将菌种塞入料中。

③接种员工守则。净化间是接种特殊设置，作业人员要遵守下列接种规则：净化室工作人员必须经过专业培训，

持证上岗，无关人员不得进入室内；非规定生产所需的物品，不得带进净化室内；作业员工事先做好个人卫生，并穿戴洁净防护用品，经过更衣区进入净化室；净化室的门随开随关，动作要缓慢；穿过第一道门后，再通过第二道门进入净化室；接种按规定步骤进行，动作敏捷快速；每接完一批菌袋后，清理工作台上下的残留物；每天接种结束后，清理卫生，并在夜间开动臭氧发生机，每次1小时，使臭氧参与净化间空气内循环进行空气消毒。

（6）菌包培养

料袋接种后称为菌包。根据设定的菌包生产量，配置相适应的培养室。香菇菌丝生长至生理成熟分为3个阶段：定植期、发育期、后熟期。

①菌包叠放。菌包培养室一般以64米²（8米×8米）为适，菌包采用网格墙式摆放或平地每4包交叉垒叠8～10层为一组，也可采用6层培养架重叠排包，同一规格的培养室一次可叠排菌包6000～8000个。

②菇房环境控制。香菇工厂化周年制生产，必备环境调控设备，包括温度、湿度、光照、二氧化碳净化控制，集成自动化智能控制和远程控制。"智能化菇房生态调控机组"每个菇房内设置内循环管道和超声波雾喷设备、LED灯带，以及干湿球传感器。按照香菇生长不同阶段所需的生态环境需求，设定技术数值，就可自动控制温度、湿度、二氧化碳、循环风、全方位定时亮灯控光。在房门口旁安装"环境智能控制器"显示房内生态环境各项数值。通过计算机联网实现集中控制和手机远程监控。制冷控温、控湿、新风交换，培养室要求恒定23～25℃，相对湿度70%以下，不让阳光透射室内，并安装通风及新风进出管道，使空气内循环，二氧化碳浓度控制在1000毫克/米³以下，

使室内有足够氧气，有利菌丝正常发育。

③分段培养管理。不同生长期管理措施如下。

定植期：接种后1～15天为菌种定植期，温度控制在23～25℃，每间隔4～5小时开动内循环风机进行通风换气20分钟，促使菌丝定植吃料，并萌发舒展至接种穴外。菌包可以4个为一层交叉重叠排放。

发育期：从16天起至50天，约35天进入菌丝发育生长旺盛期，菌丝长速快，尤其在26～35天这个时段，菌丝分枝浓密并蔓延长满菌包。而36～50天菌丝洁白健壮，呈瘤状突起，此阶段菌温比室温高2～3℃，室内温度应控制在20～22℃。此时菌袋堆叠应改为井字形或三角形，采用网格墙式排袋的，保持原状摆放。每间隔1小时自动通风换气30分钟，有利散热，避免烧菌。

后熟期：当菌包菌丝结成肿瘤状，由硬转略呈有弹性时，已进入生理成熟时段，此时温度调节为20～23℃，并间隔2小时通风换气30分钟。对使用菌龄较长菌种的菌包，还需进行分期刺孔透气，可使瘤状菌丝软化，有利菌丝均匀转色。

（7）出菇管理

香菇生产复杂的焦点就是菌丝需要转色，而且要有较大温差刺激，才能诱发菇蕾。工厂化生产的菌包，经过养菌室培养生理成熟后，及时转到出菇房内培养出菇。长菇管理技术要领如下。

①培养架构建。出菇房内摆放菌包的培养架，各地设置不同。有的企业仿照杏鲍菇工厂化生产的网格墙式摆包；有的采取架层卧式摆包，房内设6～7层培养架，两者均可。

②菌丝转色管理。现有两种方式：一种是将生理成熟的菌包脱去袋膜，将菌筒装入框格内或上架床摆放；另一

种是在装料时内用保水膜，外裹聚乙烯袋的双袋装料。此种方式装袋的，在转房时脱去外袋，保持内膜，带膜转色。

无论采取哪种方式摆包，在菌丝转色管理上，均要掌握温度设定 18～20℃，并开通超声波加湿器喷洒雾化水，空气相对湿度 85%～90% 为适，每间隔 1 小时开动内循环通风换气 15～20 分钟，每间隔 2 小时自动亮灯 20 分钟。

③变温催蕾。当菌丝由红色布满菌包表层时，白天保持 22～23℃，晚上调至 12～13℃，使其形成日夜温差 10℃，每 2 小时通风 15 分钟，并亮灯 6 分钟，形成温差、干湿差、光线差，连续进行 3～4 天刺激，逼使菌丝表面由红色转为棕褐色。此时配合移动菌包给予震动，促使菇蕾暴发性地发生。

④长菇管理。菇蕾发生后，室温设定在 15～20℃，及时摘除畸形菇蕾和丛生菇蕾，每个菌包保留 10～15 个健壮菇蕾；并把留有菇蕾的一面移转向上，使菇蕾正常发育成菇。每隔 2 小时喷雾化水 5 分钟，雾化后每隔 1 小时开通内循环风 3～4 分钟。随着菇体逐渐长大，需要增加空间氧气，每隔 2 小时通风 15～20 分钟，促使菇体紧实，优化菇质。二氧化碳浓度控制在 1000 毫克/米^3 以下。长菇阶段需要散射光线，在野外菇棚光照度为 500 勒；室内白炽灯每间隔 1 小时开灯照射 10 分钟，平时打开 LED 白色灯带照射。光照不足时会出现菇柄抽长，影响菇品质量。

（8）转潮继生

香菇是间歇式出菇，首批菇采收后，房内温度调至 20～23℃，每 1.5 小时亮灯 10 分钟，通风换气 15 分钟，生息养菌再催生第二潮菇蕾。第二菇潮后需经补水才能再现菇蕾。常规栽培一般长菇 4～5 潮，而工厂化生产如果菇潮多，操作不便，花工大，成本增加，因此应通过适宜的生态调控，促使产菇集中在第一、二潮，产菇量最好能达到整体的 80%。然后将菌包退房，转到野外菇棚排场再育菇。这样可以加速育菇房的周转应用，也有利降低成本。

第一潮采收结束后，进入下一潮菇的催蕾育菇管理，一般间隔 15 天左右，然后又出现原基。在管理上首先是检测菌包的含水量，如果含水量低于原重的 30% 时，出菇困难，就要及时注水。因此需购置出菇自动补水机械设备。当每潮菇采完后，在不搬动菌包的条件下，适时间歇性地通过输水管道向空心轴注水。水经过空心轴的喷水孔流入菌包上部，增加菌包含水量，以此代替手工注射补水或浸泡补水。

五、香菇多元化绿色栽培技术

1. 玉米地间种香菇

玉米地间种香菇首创于东北地区，现每年栽培面积达500 万米^2，形成一套成熟的地栽香菇工艺，收到较高的效益。以下根据吉林农业大学菌物研究所刘晓庆、李玉等研究的香菇与玉米间作技术，整理如下。

（1）生产季节

根据东北气候，香菇栽培季节以日平均气温在 1～5℃时为最佳播种期。辽宁省播种适期为 3 月 20 日至 4 月 10日，最迟不超过 4 月 10 日；吉林省播种适期为 4 月 1 日～15 日，最迟不超过 4 月 20 日；黑龙江省播种适期为 4 月 20日至 5 月 1 日，最迟不超过 5 月 15 日。

（2）培养基配制

常用配方有以下两组：杂木屑 85%、麦麸 10%、玉米粉 2%、豆粉 1%、石灰 1%、石膏 1%；也可采用杂木屑

45%、玉米芯粉 40%、麦麸 10%、玉米粉 2%、豆粉 1%、石灰 1%、石膏 1%。培养料混合拌匀，含水量 55%左右，常压灭菌 2 小时后停火，30 分钟后出料控干后，趁热装入经消毒的编织袋内，扎紧袋口，置于野外避风阴凉处冷却。

（3）整畦播种

畦床要求通风良好、不涝不旱、不是黏重土及沙质土。畦床坐北朝南，东西垄向遮阳，畦床宽 60 厘米，作业道宽 80 厘米，长度不限，每 10～20 米长做一个小埂，畦深 10～20 厘米，畦面龟背形，四周筑埂，畦面石灰消毒（200 克/米^2）。

菌种选择 Cr04、L26、L867、L937、Cr66、武香 1 号。播种时先将香菇菌种掰碎成玉米粒大小。在消毒过的水泥地面，将冷却的培养料按 20 千克干料（湿重 45 千克）混拌菌种 4～4.5 袋。播种时，先在畦床上铺地膜，再将拌有菌种的培养料铺在地膜上。每平方米铺料 20 千克（干料量），厚 8～9 厘米。然后将菌种按每平方米 2～2.5 袋的比例均匀播于料面，拍实压平后料厚 6～7 厘米。

菌料压平后，床面再铺放经石灰水浸泡控干的稻草，横向放一束通风草把。草把一头放在薄膜上，再折回另一侧薄膜，然后将菌料包好，并将稻草把头露出薄膜外。最后进行覆土，厚 5 厘米左右，同时作业道中间开一条排水沟。

（4）作物种植

香菇播种结束后，按照每条作业道北侧种植 1 行玉米，作为遮阳物，玉米株距 20～25 厘米。要求晚间苗，多留苗，以免菌床撒土时碰伤小苗。

（5）撒土开包

一般播种 30 天左右菌丝穿透培养料，即 5 月中下旬进行撒土开包。操作时，选择无风晴天早、晚进行，先将菌床上的覆土用光滑的木板轻轻刮开，把土推到床边，抖掉薄膜上的残土，揭开塑料薄膜，将稻草把和稻草轻轻取出；再将床两侧塑料薄膜折回，以利通风。同时在畦床上搭拱膜棚，草帘遮阳。

（6）转色催蕾

转色管理关键技术如下。

①通风。打包7天后第一次通风30分钟，选择无风天或者雨后的上午11时前或午后2时后进行。操作时卷起草帘，打开塑料薄膜，料面有水珠和积水的地方用泡沫吸除，积水较多时要用木棍扎孔渗到地下。第二次通风是打包后14天，方法、时间同第一次，湿度大、菌被突起成瘤状的要通风1小时，结合通风清除料面积水。

②光照。散射光可促进转色。拱膜上帘后，床面的散射光可满足菌丝转色对光照的要求，达到正常转色。

③湿度。打包后如降雨过多，要增加通风次数，及时排除料面积水。长时间干旱时调低草帘，也可在晚上揭膜接受露水或人工喷水。

④温差刺激。第二次通风后，菌丝达到生理成熟时，选择无雨天的晚上，打开草帘，揭开薄膜，第二天早晨再盖上。经过5~6天的温差刺激，培养料表面出现爆米花状裂纹，菇蕾很快形成。

⑤拍打催蕾。转色后若长时间不出菇，可打开塑料薄膜用木块拍打料面催蕾，拍打疏密程度要根据不同品种和商品菇的要求适当掌握。

（7）出菇管理

转色后进入6月中下旬，畦床两侧出现报信菇，7月上旬至8月中旬气温达到25℃以上时，歇伏越夏，将料面收拾干净并调高草帘；雨后及时清除料面积水，防止高温高湿杂菌感染。干旱时可往排水沟内放水，防止菌块断裂。

立秋后气温开始下降，当日平均气温降到 20℃时开始出菇。菌块过干要适当拍打或踩踏一下，随后浇水促进出菇。阴雨天可将草帘掀开让其自然接受雨露增湿。秋菇采收结束后，将拱条撤掉，把草帘或散草盖在菇床上越冬，培养料含水量偏低的应适当补水，使其含水量达到 40％～55％。第二年 4 月中下旬，将散草拣出，料面收拾干净，如果培养料偏干的，要补充水分，使培养料含水量达到 55％～60％，促使正常出菇。

2. 葡萄园套种香菇

葡萄在我国从南到北都有栽培，而且规模大。利用葡萄棚架下的地面栽培香菇，不仅可免搭遮阴棚，节省成本，而且在气温高时，其枝叶可自然调节温湿度，对香菇生产十分有利。这是一种葡萄种植同香菇结合与循环利用的高效生产路径，因此很快地在葡萄产区推广应用。

（1）园地整理

套种香菇的葡萄园最好的是搭棚架，选 4 年以上果树，遮阳效果好，并要求地势平坦、排水方便。栽种前在果林整地作畦，一般畦宽 80 厘米，深 20～30 厘米，长度视园场而定。在畦上挖 1 条约 10 厘米的水沟与果林水渠打通，畦两侧每隔 60 厘米插 1 支竹片搭成小拱棚。

（2）季节安排

香菇生产抓住春、秋黄金季节。春夏间作的菌种选用中温高型申香 2 号、苏香、Cr04、武香 1 号、汉香 2 号菌株。2～3 月菌袋制作与培养，5 月脱袋排场转色出菇，至 10 月结束。夏秋季间作的菌种选用低温型或中温偏低型申香 6 号、939、135 等菌株，7～8 月菌袋制作与培养，11 月脱袋排场转色出菇至翌年 4 月结束。

（3）菌袋制作

菌袋选用17～24厘米×55厘米的折角袋，外套18～25厘米×58厘米的塑料袋，培养料配制与接种发菌培养，其工艺流程按常规操作。

（4）排场转色

提前7天铲除葡萄园间杂草，在畦面撒施石灰粉。菌包菌丝生理成熟时脱袋排场。将菌筒竖直放在畦内，间距5厘米左右，填2厘米厚的细土将菌筒固定好。弓形支架上盖塑料膜，向畦内浇1次水，创造一个恒温、高湿的小气候，促进菌丝迅速生长。温度控制在18～25℃，空气相对湿度85%，散射光为宜。早晚掀膜通风透气，每天傍晚喷水1次，一般10～12天形成薄层棕褐色菌膜。在转色过程中发现有黄色水珠蓄积时，用清水冲掉，以防发生霉菌烂筒。

（5）出菇管理

催蕾采用温差刺激要分清季节，低温季节以掀盖薄膜、提高棚内温度为主；高温季节以白天向畦沟内灌水，借助葡萄枝遮阳为主。园内保持散射光，注意掀膜透气。香菇子实体生长期应保持空气湿度85%～95%，葡萄园主要是保证水分及时供应，通常早晚各喷雾状水1次，以浇湿畦面及菇筒为准。西北地区具备昼夜温差大、气候干燥的自然条件，培育花菇十分有利。一般白天掀膜，傍晚喷水，晚上加温排湿，第二天早上掀膜浇水，达到两个温差、干湿差循环过程。经4～6天连续刺激花菇开裂成形，为使菇盖大而白、裂纹深宽，需再保持10～15天低温干燥的自然环境，白天掀膜增温排湿，晚上盖膜加湿，空气湿度达90%以上，即可培育优质花菇。

3. 香菇套种向日葵

黑龙江东宁县为黑木耳主产区，为了改变食用菌产业品种单一状况，实现多元化发展，近年引进推广野外地栽香菇技术，并采取套种向日葵，增加了经济效益。

（1）栽培季节

香菇地栽一般在 3 月 15 日至 4 月 15 日之间播种，最好在清明节前播种完毕，具体时间因不同地区及栽培地小气候而定。早播种可使菌块早转色、早出菇，一般伏前可出 1～2 茬菇。向日葵播种时间：一种是香菇覆土后即播种，另一种是香菇覆土打包后播种。种植方法：隔 1 个走道种植 2 行，向日葵播种宜在离床边 10 厘米处，每 667 米^2 种植向日葵 1200 株。

（2）产地整理

栽培场地选择背风向阳、靠近水源、远离污染源的平川地块，土质以壤土、沙壤土或河淤土为好，在房前屋后的田地栽培最好四周没有围墙。为保证播种时间，在上年结冻前把畦床做好。一般采取顺垄整畦，一个垄沟做走道，一个垄沟做畦床，畦床深浅视地块而定，较旱的沙土地块稍深些；黑土、壤土、潮湿的地块稍浅些，必须保证能正常排水。床宽 60 厘米、走道宽 60 厘米，深为 8～10 厘米。春季做床要边化冻、边做畦、边播种，床里的土返到走道上，留做香菇的压膜覆土用。

（3）配料灭菌

培养基配方为木屑 75％、麦麸 8％、稻糠 12％、石膏 1.5％、玉米面 3.5％。上述干料拌均匀，含水量控制在 55％～60％。配料后进入灭菌工序。

（4）接种培养

培养料冷却到 26℃ 以下时即可播种。播种前畦床用石灰进行消毒，先将 1.5 米宽的地膜铺在整好的畦床内，再把蒸好的料倒在地膜上摊平，厚度为 8～9 厘米，将菌种掺进培养料中拌匀，用木板将料刮平；然后再撒 1 层菌种，用木板拍实，厚度 6～7 厘米。沿床隔 10～15 厘米横放 1 把稻草，放好后将两侧地膜回折。每隔 50 厘米放 1 把通风草，开始盖土，厚度 4～5 厘米。菌种投入量为每米 3～4 袋，其中 3/4 拌入料中，1/4 扬面。

（5）菌丝转色

播种后菌丝发育生理成熟进入转色期，一般在 5 月中上旬。打包后 7 天内，尽量不要翻动菌料，7 天后再开始打帘揭膜通风，每次为 1～2 小时，促使绒毛状菌丝倒伏，使菌料表面形成一层薄薄的菌膜，并分泌出一种褐色素，转色开始。然后盖膜。菇床内要有充足的散射光，光线越足，转色越快、越好，但不许正午直射光线照射。当表面菌丝倒伏后，空气流通越好，越易转色。通过白天升温、晚上降温，使菌丝转色，以用手触菌料面有柔软感、不刺手为宜。

（6）出菇管理

转色结束后菌丝由营养生长开始向生殖生长转化，菌丝扭结，形成原基。原基膨大形成菇蕾，菇蕾再进一步分化出菌盖、菌柄，形成成熟的香菇子实体。刚出的菇，多在畦床的两侧，称之为报信菇，待菌盖长到鸡蛋黄大小时，将地膜卷到畦床两侧，塞到料下。此时要注意对遮光不好的帘子补盖遮阴物，及时排出料面积水。

陆地香菇应在七八成熟时分批次采收，适时采收的香菇色泽鲜艳、香味浓、菌盖厚、肉质柔韧。摘菇时要注意方法，不要碰伤小菇蕾，不让菇脚残留在菌料上，以免影响以后出菇。刚采下的鲜菇要用专用的菇筐盛装，应保持香菇完整。每天采菇 2 次，晴天午前 9～10 时、午后 4～5 时采收，阴雨天抽空采收。采收后的鲜菇要及时销售或分等级加工，不要长时间露天存放，以免影响质量。

六、运用 HACCP 控制香菇绿色栽培过程

HACCP 是一个国际认可的，保证产品免受生物性、化学性及物理性危害的预防体系。它主要通过科学和系统的方法，分析和查找生产过程的危害（HA），确定具体的预防措施和关键控制点（CCP），采取有效的预防措施和监控手段，以防止危害公众健康的问题发生，并采取必要的保证措施，从而确保产品的安全卫生质量。

1. HACCP 在香菇栽培中的应用

HACCP 是英文"Hazard Analysis Critical Control Point"（即危害分析及关键控制点）的首字母缩写。它产生于 20 世纪 60 年代的美国宇航食品生产企业，已被联合国食品法典委员会采纳，并向全球推广。将 HACCP 的方法和原理，应用于香菇绿色栽培过程，建立绿色高优生产工艺的 HACCP 体系，确定 HACCP 质量控制参数和关键控制点，推动香菇绿色栽培生产质量。

2. 作业过程危害分析

危害分析（HA）主要是查找生产全过程的各个环节中存在和可能出现的有害因素，见表 3-10。

表 3-10　香菇绿色栽培作业过程危害分析（HA）

作业规程	主要危害分析
原料质量	香菇绿色栽培的原料必须无害化，木屑应选择适于香菇生长的原次生杂木林，农作物秸秆的原料为绿色农场生产。原料不得带有病原菌及毒素，避免原料带来的危害
培养基灭菌	培养基灭菌不到位，会带来杂菌的污染；灭菌太过会造成基质营养成分分解，产生有害物质，导致接种后菌丝生长不良
菌种纯度	菌种不得有杂菌和病毒污染，纯菌率要达到100%。菌种农艺性状和经济性状要求子实体朵形好，产量高，适应性广和抗逆性强；菌丝生长快，生活力强；菌龄适中，继代扩繁次数少等。菌种常因种性退化，或潜伏隐性病毒，也是造成香菇欠产的重要因素
菌丝体培养	接种后真菌性侵染，病原菌有绿色木霉、黄曲霉、黑曲霉、浅红酵母菌、头孢霉、链孢霉等；培养室温、湿、光、氧环境不适，造成菌袋成品率不高
子实体培育	长菇主要有蚊、蛾、蝇及蜗牛、白蚁等虫害侵食菇体；菇房环境卫生和培养的环境条件不适，也会引起生理性病害

3. 关键控制点预防措施

关键控制点（CCP）是根据香菇生产过程的危害分析，采取相应的绿色预防措施（见表 3-11）。

表 3-11　香菇绿色栽培关键点（CCP）的预防措施

工艺流程	危害分析	预防危害的绿色措施
原料质量	生物：病菌及毒素 化学：无 物理：无	拒收被病菌污染的原料，采用原料符合有机（天然）食品生产和加工技术规范以及SSOP控制
培养基灭菌	生物：病菌及毒素 化学：无 物理：无	严格控制灭菌温度及时间，按技术规程操作
菌种纯度	生物：微生物污染 化学：无 物理：无	SSOP控制
菌丝体培养	生物：微生物污染 化学：无 物理：温度与湿度	SSOP控制 注意通风和控制温湿度，SSOP控制和CMP操作
子实体培养	生物：病菌、虫害 化学：无 物理：温度与湿度	物理防范及SSOP控制 注意通风和调节温湿度，SSOP控制和CMP操作
采收加工	生物：微生物污染 化学：工具设备 物理：时限超标	SSOP控制和CMP操作

说明：①SSOP指卫生标准操作程序，主要涉及生产用水的安全、与食品接触的清洁度，防止交叉污染。包括手的清洁与消毒，厕所设施的维护与卫生保持，防止食品被污染物污染，有毒化学物质的标记、储藏和使用，员工健康与卫生控制，虫害的防治。

②CMP指良好生产规范，即政府强制性的食品生产、储藏卫生法规。该法规作为食品生产包装、储藏卫生品质管理体制的技术基础，是具有专业特性的品质保证（QA）或制造管理体系。主要包括对食品生产加工包装储藏企业的厂房、建

筑物与设施加工设备用具、人员的卫生要求，培训，仓储与营销，以及环境与设备的卫生管理，加工过程的控制管理。

4. 实施生产全程监控

香菇绿色栽培，按照危害分析和关键控制点，实行生产工艺全程限值和进行 CCP 检测、监控。

（1）关键限值（CL）

控制措施关键限值的确定，应以香菇绿色高优栽培生产的有关技术、安全法规、国家标准及行业标准、工艺规程为依据，结合企业生产，经科研及专家的科学分析后确定，以确保控制措施的有效性。具体关键限值（CL）见表 3-12。

表 3-12　香菇绿色栽培实施监控关键限值（CL）

作业程序	原料选择	培养基灭菌	子实体培养	成菇管理
关键限值	符合规定原料质量控制指标	按工艺条件掌握灭菌温度及时间	控制温度、湿度、通风和光照时间的工艺指标	掌握培养时间和预防烂菇及病害等措施
监控	原料进厂检验，投料时检验质量	灭菌期间每半小时测试一次温度并记录	生产操作每天 2 次工艺质量检查	专人检查每批次成熟香菇质量
纠偏措施	拒收污染原料和不符合有机标准原料。停止投料	严格检验，SSOP 控制	操作工艺质量控制和 CMP 操作	执行 SSOP 控制和 CMP 操作，及时去除不合格产品

作业程序	原料选择	培养基灭菌	子实体培养	成菇管理
记录	质量检验记录	测温生产记录及检验结果质量检验记录	工艺质量检验记录	生产记录
验证	每次投料检查和纠偏措施	检查监测和纠偏措施	每2次检查监测和纠偏措施	跟随香菇采收检查和纠偏措施

（2）监控程序

监控人员快速对香菇绿色栽培生产 CCP 进行测试或观察。将测试值与关键值进行比较，失控时及时调节。监控程序包括内容、方法、频率、人员。

（3）纠偏措施

通过监控发现生产未达标时，必须立即采取纠偏措施。利用检测结果调整工艺与加工方法，以保持控制。如果失控，必须对不符合要求的产品进行处理，并且确认改正不符合要求的因素，以确保产品生产过程重新受控制。

（4）原始记录

记录的监控信息，是显示关键控制点受控制状态的证据。每个关键控制点的监控，要形成相应的记录。

（5）严格验证

首先对各关键控制点的监控进行验证；其次有针对性地对栽培的原料、成品抽样分析检验；对监控设备的定期校正和对监控记录进行复查。验证阶段是由企业质检员、卫生监督员、有关技术人员和各级管理者对 HACCP 系统定期自检验证，分阶段请有关专家进行验证分析，提出整改建议。

第四章

香菇菌种绿色制作工艺

一、菌种生产经营条件

国家农业部颁发的《食用菌菌种管理办法》2006 年 6 月 1 日在全国实施，明确规定从事菌种生产的单位和个人，应当取得食用菌菌种生产经营许可证；严格执行 NY/T528《食用菌菌种生产技术规程》。

1. 母种和原种生产条件

资金：注册资本母种 100 万元以上，原种 50 万元以上。

人员：省级农业主管部门考核合格的检验人员 1 名以上，生产技术人员 2 名以上。

设备：有相应的灭菌、接种、培养、贮存等设备和场所，有相应的物质检验仪器和设施。生产母种还应有出菇试验的设备和场所。

环境：生产环境卫生及其他条件符合《食用菌菌种生产技术规程》要求。

审批程序：由县农业行政主管部门审核，由省农业农村厅审批，报农业农村部备案。

2. 栽培种生产条件

资金：注册资本 10 万元以上。

人员：省级农业主管部门考核合格的检验人员 1 名以

上，生产技术人员 1 名以上。

设备：有必要的灭菌、接种、培养、贮存等设备和场所，有必要的质量检验仪器和设施。

环境：生产场地的环境卫生及其他条件符合《食用菌菌种生产技术规程》要求。

审批程序：由县农业行政主管部门直接核发，报省农业农村厅备案。

违章处罚：凡从事菌种生产经营的单位和个人必须按照上述规定申请报批，否则视为无证生产经营，违反本规定的行为，依照《中华人民共和国种子法》的有关规定予以处罚。

二、菌种制作工艺流程

菌种生产是一种严格的无菌作业，通过人为控制适宜的环境条件下培养，促使菌丝不断繁殖而成。根据香菇菌种三个级别培养程序和生产技术规范，形成了一套生产工艺流程，见图 4-1。

三、母种生产技术规范

1. 母种培养基配制工艺

（1）常用培养基配方

通用培养基，指的是此类培养基可适应各种食用菌母种菌丝生长发育。下面介绍常见 PDA 培养基配方：马铃薯 200 克（用浸出汁），葡萄糖 20 克，琼脂 20 克，水 1000 毫升，pH 自然（统称 PDA 培养基）。

制作方法：选择质量好的马铃薯，洗净去皮，若已发

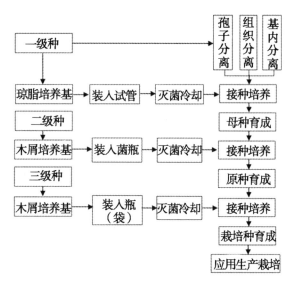

图 4-1　香菇三级菌种生产工艺流程

芽，要挖去芽及周围小块后，切成薄片，放进铝锅内，加清水 1000 毫升，煮沸 30 分钟；用 4 层纱布过滤，取汁液。若滤汁不足 1000 毫升，则加水补足。然后将浸水后的琼脂加入马铃薯中，继续文火加热至全部溶化为止。加热过程要用筷子不断搅拌，以防溢出和焦底。最后加入葡萄糖，并调节酸碱度至 5.6，趁热分装入试管内，管口塞上棉花塞。

（2）应用电脑进行培养基配方

随着食用菌科研工作的深入开展，菌种培养基配方设计已进入电子计算机程序。利用电脑进行培养基的配方设计，可以解决数值不精确、费时间等问题。现将浙江省庆元县高级职业中学吴继勇等研究的成果进行介绍。该配方系统设计科学，操作简便，即使是初接触电脑者，也能完成配方设计。现将设计描述如下。

①设计系统。

数据维护：在系统提供的数据上，用户可以根据刚得到的资料，进行增、删、改。

配方设计：用户只需输入一些数据，系统自动完成中间的一切运算，结果显示在屏幕上，或从打印机输出。可以设计母种、原种、栽培种的配方，还可以核算配方的成本等。

编辑功能：用户可对系统内部配方进行编辑，如增加主料的数量，辅料的数量也自动增加。

查询功能：通过该功能，用户可以查询系统贮存的数据资料，包括以往设计的配方。

②操作步骤。

第一步确定目标：首先确定进行何种预算（生产成本、生产数量、标准配方等）。

第二步选择名称：选择菌种品名、主料名称等，仅需用键盘在屏幕上选择。

第三步提供资料：如果进行生产成本预算，还需输入各原料的单价；如果进行生产数量预算，除输入原料单价外，还需输入目标成本。

第四步输入单价：对石膏粉、蔗糖等辅料的数量，系统会自动加进去，用户仅需输入单价。

按上述步骤操作后，如果输入数值正确，则在屏幕上显示最终结果，或从打印机输出。否则，提示用户重新操作。

（3）试管培养基制作流程

试管培养基又称琼脂培养基，是香菇母种分离培育的基本载体，无论是通用培养基配方或是特需培养基配方，其配制工艺流程均为统一，见图4-2。

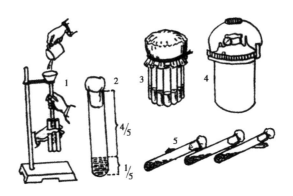

图 4-2　　琼脂培养基配制工艺流程

1. 分装试管　2. 管口塞棉　3. 包扎成捆　4. 高压灭菌　5. 摆成斜面

2. 母种分离常用方法

菌种的来源，即指菌种最初的分离与获得。在自然界中，香菇始终和许多细菌、放线菌、霉菌等生活在一起。因此要获得高纯度的优良菌种，就必须用科学的方法，把它从这些杂菌的包围中分离出来。常用的科学分离方法有孢子分离法、组织分离法和基内菌丝分离法3种。

生产上多采用组织分离，操作技术如下。

（1）种菇消毒

经过评审筛选符合标准的种菇，切去菌柄基部，置于接种箱内。蘸取75％的酒精，对种菇进行表面消毒，并用无菌滤纸吸干；或用0.1％升汞水浸1分钟，再用无菌水冲洗并揩干，置于清洁的培养皿内备用。

（2）切取部位

分离时首先是操作者双手用75％酒精棉球擦洗消毒，再用75％酒精对菇体表面进行消毒。随即用解剖刀在香菇柄中部纵切一刀掰开菌伞，也可在菇柄下用手掰开菌柄连菌伞；再用解剖刀在菇盖与切柄交界处切取组织块。组织块割取部分依种菇成熟度有别，如果种菇是四五分成熟的菇蕾，其组织块割取部位应在菌盖与菌柄交接处；如若是六七分成熟已开伞的种菇，其组织块割取部分应在菌盖与菌柄交界偏菌盖处下刀为适。

（3）接种培养

将切取的组织块，再纵切成若干大小约 10 毫米×5 毫米的小薄片；用接种针挑取小块组织，迅速移接到 PDA 斜面培养基上，加上棉塞；然后置于 25℃下培养，待组织块上长出绒毛状菌丝即成。菇体应取的组织块部位见图 4-3。

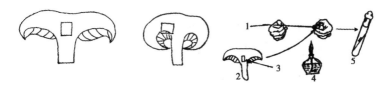

方格内为不同成熟度割取组织块　　　　组织分离操作示意

图 4-3　组织分离法

1. 接种针　2. 种菇　3. 取组织块　4. 过酒精灯消毒　5. 接入试管内

3. 母种提纯培养与认定

（1）母种提纯技术

无论是孢子分离或是组织分离、基内分离，其所获得的分离物即菌丝。这些菌丝在分离过程，尤其是基内分离的，有可能混入杂菌，或夹有各类霉菌、细菌的概率较高。提纯的目的是使所获得的分离物达到高纯度。操作时首先将分离培养出的菌丝，经过镜检鉴别、判断、认定；然后在接种箱内用接种针钩取菌丝前端部位，接入新的 PDA 培养基上，经适温培养菌丝发育，长势有力，即可获得纯度高的香菇母种。

（2）培养管理

将接种后的试管置于恒温培养箱或培养室内培养。这是菌种萌发、菌丝生长的过程。培养期间室内要尽量避光，为使菌丝生长更加健壮，培养室或培养箱内的温度最好较菌丝生长的最适温度低 $2\sim3℃$。除此之外，培养期间还要求环境干燥，空气相对湿度低于 70% 为宜。在高温高湿季节，要特别注意防止高温造成菌丝活力降低和高湿引起的污染。

（3）认真检查

培养期间每天都要进行检查，发现不良个体应及时剔除。试管母种的感官检查主要包括菌种是否有杂菌污染，有无黄、红、绿、黑等不同颜色的斑点表现。检查菌种外观，包括菌丝生长量（是否长满整个斜面），菌丝体特征，观察菌丝体的颜色、密集程度及其形态；观察菌丝体是否生长均匀、平展，有无角变现象；菌丝有无分泌物，如有，观察其颜色和数量；菌落边缘生长是否整齐等；检查试管斜面背面，包括培养基是否干缩、颜色是否均匀、有无暗斑和明显色素；检测气味，是否具有香菇应有的香味，有无异味。

（4）逐项认定

母种培养后应进行逐项检查认定，其感官标准见表 4-1。

表 4-1　香菇菌种质量感官基本标准

项目	感官表现
纯度	优良菌种其菌丝纯度高，绝对不能有杂菌污染，无病虫害

项目	感官表现
色泽	菌丝颜色，除银耳混合种为黑色外，大多数菇类菌种的菌丝应是纯白色，有光泽；分泌物因品种有别，一般有金黄色或红色、黄褐色的黏液
长势	菌丝吃料快、长势旺盛、粗壮，分枝多而密，气生菌丝清晰。有的品种爬壁力强，整体菌丝分布均匀，无间断、无斑块，无老化表现
基质	培养体要湿润，母种与试管紧贴、不干缩，原种和栽培种菌丝与瓶（袋）壁无脱离，含水量适宜
香味	必须具备香菇本身特有的清香味，不允许有霉、氨、腐气味

（5）淘汰处理

经过检测认定不合格或有怀疑病状的母种，应及时淘汰处理。

（6）出菇试验

分离获得菌种，必须通过出菇试验，可采用普通栽培法作出菇鉴定。鉴定内容包括农艺性状，即菌丝长速、种性特征、适应环境、出菇时间；经济性状，即菇体形态、生物效率。

4. 母种转管扩接技术

一般每支香菇母种可扩接 20～25 支，但转管次数不应过多。因为菌种转管次数太多，菌种长期处于营养生理状态，生命繁衍受到抑制，势必导致菌丝生活力下降，营养生长期缩短，子实体变小，肉薄，朵小，影响产量和品质。因此母种转管扩接，一般转管 3 次，最多不得超过 5 次。母种转管无菌操作方法见图 4-4。

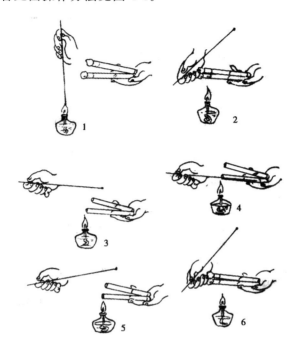

图 4-4 母种接种无菌操作

1. 接种针消毒 2. 拔出管口棉塞 3. 管口对准火焰
4. 接入菌种 5. 管口消毒 6. 棉塞封口

四、原种生产技术规范

1. 培养基配制

（1）适用培养基配方

原种适用的培养基有以下几种。

配方 1：阔叶树木屑 78％，麦麸或米糠 20％，蔗糖

1％，石膏粉1％。这是一种最常用的木屑培养基。

配方2：阔叶树木屑93％，麦麸或米糠5％，蔗糖1％，尿素0.4％，碳酸钙0.4％，磷酸二氢钾0.2％。

配方3：阔叶树木屑94％，麦麸5％，尿素0.4％，碳酸钙0.3％，磷酸二氢钾0.2％，硫酸镁0.05％，高锰酸钾0.05％。

配方4：玉米芯78％，麦麸或米糠20％，石膏粉1％，蔗糖1％。

（2）配制技术规程

原种培养基在确定选用配方比例后，进入制作工序。具体操作技术规程如下。

①计量取料。根据灭菌设施大小和装入量多少而定。现有一般常用的高压灭菌锅，一次装瓶量为450瓶，按照每瓶装料量计算取料，使配制好的培养料一次装完，避免过剩引起基质酸变。

②过筛混合。称取的原辅料，首先进行过筛，剔除混入的沙石、金属、木块等物质。然后把上述干料先搅拌均匀，再把蔗糖、硫酸镁、磷酸二氢钾等可溶性的添加剂溶于水中，加入干料中混合。

③加水搅拌。培养料配方中料与水比为1：（1.1～1.2），在加水时应掌握"三多三少"：培养料颗粒松或偏干，吸水性强的宜多加；颗粒硬和偏湿，吸水性差的应少加。晴天水分蒸发量大，应多加；阴天空气湿度大，水分不易蒸发，应少加。拌料场是水泥地吸水性强，宜多加；木板地吸水性差，应少加。实际操作时，按原料质量、栽培季节及当日气候，灵活掌握。菌种培养基要求含水量60％～65％为适。

2. 培养基填装要求

（1）菌瓶选择

菌种瓶是原种生产用的专业容器，适合菌丝生长，也便于观察。常用规格 650～750 毫升，耐 126℃ 高温的无色或近无色玻璃菌种瓶 850 毫升，或采用耐 126℃ 高温的白色半透明、符合 GB9678 卫生规定的塑料菌种瓶。其特点是瓶口大小适宜，利于通气又不易受污染。使用菌种瓶生产原种，可用漏斗装料提高生产效率，同时瓶口不会附着培养基，有利于减少污染。

（2）装料步骤

装料可按下列程序进行操作，见图 4-5。

图 4-5　装料程序

1. 装瓶　2. 捣木　3. 装料　4. 压平　5. 清洗瓶口、瓶壁
6. 打洞　7. 塞棉塞　8. 牛皮纸包扎

3. 料袋灭菌技术要点

原种培养基装瓶后进入灭菌环节，要求比较严格。为确保成品率，必须强调采用高压灭菌锅进行灭菌。

（1）灭菌工艺流程

高压锅灭菌工艺流程见图4-6。

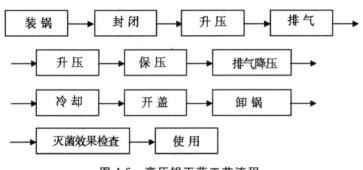

图4-6　高压锅灭菌工艺流程

（2）操作技术规范

为确保高压灭菌达到灭菌效果，必须严格执行操作技术规范，具体如下。

①装瓶入锅。装锅时将原种瓶倒放，瓶口朝向锅门。如瓶口朝上，最好上盖一层牛皮纸，以防棉塞被弄湿。

②灭菌计时。当锅内压力达到预定压力0.14兆帕或0.20兆帕时，将压力控制器的旋钮拧至消毒，使蒸汽进入灭菌阶段，从此开始计时。灭菌时间应根据培养基原料、种瓶数量进行相应调整。木屑培养基灭菌0.12兆帕、保持1.5小时，或0.14～0.15兆帕、保持1小时。如果装瓶容量较大时，灭菌时间要适当延长。

③关闭热源。灭菌达到要求的时间后，关闭热源，使压力和温度自然下降。灭菌完毕后，不可人工强制排气降

压，否则会使原种瓶由于压力突变而破裂。当压力降至 0 位后，打开排气阀，放净饱和蒸汽。放气时要先慢排，后快排，最后再微开锅盖，利用余热把棉塞吸附的水汽蒸发。

④出锅冷却。灭菌达标后，先打开锅盖徐徐放出热气，待大气排尽时，打开锅盖，取出料瓶，排放于经消毒处理过的洁净的冷却室。为减少接种过程中杂菌的污染，冷却室事前进行清洁消毒。原种料瓶进入冷却室内冷却，待料温降至 28℃ 以下时转入接种车间。

4. 原种接种培养

原种是母种的延伸繁殖，是一级种的继续。原种的接种采用母种作种源。每支母种扩接原种 4～5 瓶。母种接原种操作见图 4-7。

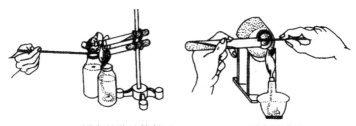

固定母种试管斜面   固定原种瓶

图 4-7   试管母种移接原种操作

原种培养室使用前 2 天进行卫生清理，并用气雾消毒剂气化消毒，以提高培养环境洁净度。调控好原种生长环境条件，以满足菌丝生长的需要。具体管理技术如下。

（1）调控适温

菌种培养室的温度控制在 23～25℃。菌丝生长发育期间，其呼吸作用会使培养料的温度高于环境温度 2～3℃，因此要注意观察，及时调控适温。尤其夏季气温较高，培养室应配备空调机，保持恒定适温，避免高温危害。

（2）环境干燥

菌种培养室要求干燥洁净环境，室内相对湿度控制在70％以下，高温多雨季节注意除湿。

（3）避光就暗

菌丝生长不需要光线，培养室要尽量避光。特别是培养后期，上部菌丝比较成熟，见光后不仅引起菌种瓶内水分蒸发，而且容易形成原基。因此门窗应挂遮阳网。

（4）通风换气

菌丝生长需要充足的氧气，因此，培养室要定期通风换气，增加氧气，以利菌种正常发育生长。

（5）定期检查

原种在培养期间要定期进行检查，一般接种后4～5天进行第一次检查；表面菌丝长满之前，进行第二次检查；菌丝长至瓶肩、下伸至瓶中1/2深度时，进行第三次检查。

五、栽培种生产技术规范

1. 培养基配制

（1）取料与设备衔接

栽培种日产量多少，应与灭菌设备对应。具体计算方法：现有菌种厂的高压灭菌锅多采用装载750毫升规格450瓶量。一次可装12厘米×24厘米料袋1100袋，或装15厘米×30厘米料袋550袋，其用料量为200千克。如果设置4个高压灭菌锅，每日生产3批，计12锅，其每日投料量为2160千克。以这个总数，按配方比例称取主料和辅料及添加剂石膏或碳酸钙等。

（2）拌料与装料相连

栽培种用料量大，为了防止培养基发酵变酸，规范化菌种厂应采用拌料机拌料，以缩短时间，而且均匀度好。自走式搅拌机每小时可拌 1000 千克。装料采用装袋机装料，每台机每小时可装 1500～2000 袋，配备 7 人为一组，其中添料 1 人，套袋装料 1 人，捆扎袋口 4 人。

（3）装袋操作方法

先将薄膜袋口一端张开，整袋套进装袋机出料口的套筒上，双手紧扎。当料从套筒源源输入袋内时，右手撑住袋头往内紧压，使内外互相挤压，这样料入袋内就更紧实，此时左手握住料袋顺其自然后退。当填料接近袋口 6 厘米处时，料袋即可取出竖立，并传给下一道捆扎袋口工序。袋口采用棉纱线或塑料带捆扎。操作时，按装料量要求增减袋内培养料，使之足量。继之左手抓料袋，右手提袋口薄膜左右对转，使袋料紧贴，不留空隙。然后把套环套在袋口的塑料薄膜上，将剩余的薄膜反塞在套环四周，使袋口形成瓶颈状。

使用装袋机时，先检查各个部位的螺栓连接是否牢固，传动带是否灵活。然后按开关接通电源，装入培养料进行试机，搅龙转速为 650 转/分。装袋过程若发现料斗物料架空时，应及时拨动料斗，但不得用手直接伸入料斗内拨动物料，以免扎伤手指。

菌袋装料见图 4-8。

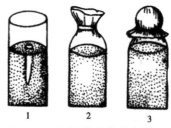

图 4-8 塑料菌种袋装料法

1. 装袋打洞　2. 袋口套环　3. 包扎袋口

2. 灭菌注意事项

栽培种生产量大，培养基采用高压灭菌锅或高压灭菌仓、高压灭菌柜等设备进行灭菌。栽培种也可以采用常压高温灭菌灶进行灭菌。但关键在于能把潜藏在培养料内的病原微生物彻底杀死，以保证安全性，提高接种后菌种成品率。这是栽培种生产至关重要的一个关键控制点。

栽培种无论是瓶装或袋装的，采用高压灭菌锅时，要求进锅后灭菌压力达 0.152 兆帕，其蒸汽温度为 128.1℃，保持 1～1.5 小时，才能达到灭菌目的。容量较大时，灭菌时间要适当延长。若采用常压高温灭菌，应在达到 100℃后，保持 18～20 小时为适。

3. 接种关键要点

栽培种主要用于香菇生产的菌种。每瓶原种一般扩接成栽培种 50～60 瓶，麦粒原种可扩接成栽培种 80～100 瓶。原种接栽培种见图 4-9。

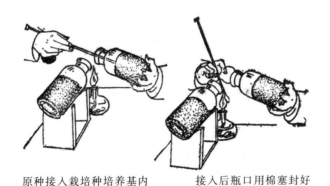

原种接入栽培种培养基内　　接入后瓶口用棉塞封好

图 4-9　原种接栽培种示意图

4. 栽培种培养管理

栽培种培养室消毒是否彻底，直接关系到菌种的成品率。为此培养室应事先进行清洗，通风 2～3 天后，进行消毒处理。栽培种接种后进入菌丝营养生长，不断从培养基内吸收养分、水分，输送给菌丝生长建造菌丝体，构成生理成熟的菌丝体，即栽培种的育成。因此这瓶菌种的好坏，直接影响菇农栽培 20～25 袋香菇的产量与经济效益。

栽培种培养管理技术与原种基本相似，但不同点是栽培种生产量为原种的几十倍，培养场所、设施及管理成品相应增加；管理时效性较短，超过有效菌龄菌种活力差，影响栽培菌袋的成品率，会给菇农生产带来损失，因此在管理上不可掉以轻心。香菇栽培种培养时间，在 23～25℃ 恒定温度范围内，木屑培养基一般需 35～40 天，菌丝走满袋后 2～3 天为适龄菌种。

六、签条菌种制作方法

采用竹签或木条为原料制作香菇栽培种，称为签条菌种。在接种时可以不打接种穴，只要把发菌培养好的签条直接斜插入栽培袋内即成，既简化工序，又节省胶布贴封接种口的工序，而且也降低杂菌污染率。

1. 竹签菌种

以毛竹作原料，按 10 厘米长锯断，再劈成 0.6 厘米×0.6 厘米的竹条，一端削尖，晒干。然后放入 1％～2％的蔗糖水溶液中浸 12 小时，吸足营养液。若气温高，可采用 1％糖水溶液与竹签一起置于锅内煮至透心；捞起后按 5 份竹签和 1 份配制好的木屑培养基，搅拌均匀，装入聚丙烯塑料菌种袋或菌种瓶内。装入时，把尖头向下，松紧适中，以装满为度。14 厘米×28 厘米的菌袋，每袋可装 160 支；750 毫升菌种瓶，每瓶可装 120～140 支。表面再加一层 2 厘米厚的木屑培养基，棉花塞口。然后通过高压锅灭菌，以 0.152 兆帕保持 2.5 小时，达标后冷却，再接入原种。接种时菌种捣碎，撒于培养基上，或整块菌种放在培养基上也可。在 25℃条件下培育 30 天左右，竹签就长满了菌丝，即为竹签菌种。

2. 枝条菌种

枝条可选用梧桐、板栗、麻栎、果树等枝丫，也可采用红、黄麻秆等。将枝条截成 3 厘米长，一端削成斜面，另一端为平面，置于含 2％蔗糖、2％石膏粉、0.3％尿素和 0.1％磷酸二氢钾溶液中，浸泡 4～6 小时。麦麸或米糠取其滤出的浸液，调至含水量 60％。然后将枝条装入罐头瓶或塑料菌袋内，边装枝条，边用湿麸皮填充间隙。装满后表面再盖一薄层麦麸，用薄膜封扎瓶口；袋口上好套环，瓶袋口棉花塞口。按上述方式灭菌，接种培养，菌丝长满后即成。枝条菌种制作见图 4-10。

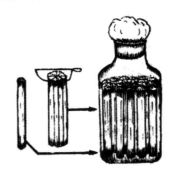

图 4-10　枝条菌种制作

七、菌种质量标准与检验

1. 菌种质量标准

香菇各级菌种应执行 GB19170《香菇菌种》标准。

（1）香菇母种标准

母种标准见表 4-2、表 4-3。

表 4-2　香菇母种感官要求

项目		要求
容器		完整、无损
棉塞或无棉塑料盖		干燥、洁净，松紧适度，能满足透气和滤菌要求
培养基灌入量		为试管总容积的 1/5～1/4
培养基斜面长度		顶端距棉塞 40～50 毫米
菌丝生长量		长满斜面
接种量（接种块大小）		（3～5）毫米×（3～5）毫米
菌种外观	菌丝生长量	长满斜面
	菌丝体特征	洁白浓密、棉毛状
	菌丝体表面	均匀、平整、无角变
	菌丝分泌物	无
	菌落边缘	整齐
	杂菌菌落	无
斜面背面外观		培养基不干缩，颜色均匀，无暗斑，无色素
气味		有香菇菌种特有的清香味，无酸、臭、霉等异味

表 4-3　香菇母种微生物学要求

项目	要求
菌丝生长形态	粗壮，丰满，均匀
锁状联合	有
杂菌	无

（2）香菇原种标准

原种标准见表 4-4。

表 4-4　香菇原种感官要求

项目		要求
容器		完整、无损
棉塞或无棉塑料盖		干燥、洁净，松紧适度，能满足透气和滤菌要求
培养基上表面距瓶（袋）口的距离		50±5 毫米
接种量（每支母种接原种数，接种块大小）		4~6 瓶（袋），≥12 毫米×15 毫米
菌种外观	菌丝生长量	长满容器
	菌丝体特征	洁白浓密、生长旺健
	培养基表面菌丝体	生长均匀、无角变、无高温抑制线
	培养基及菌丝体	紧贴瓶（袋）壁，无干缩
	培养物表面分泌物	无，允许有少量深黄色至棕褐色水珠
	杂菌菌落	无
	颉颃现象	无
	子实体原基	无
气味		有香菇特有的香味，无酸、臭、霉等异味

（3）香菇栽培种标准

栽培种见表 4-5。

表 4-5　香菇栽培种感官要求

项目	要求
容器	完整、无损
棉塞或无棉塑料盖	干燥、洁净，松紧适度，能满足透气和滤菌要求
培养基上表面距瓶（袋）口的距离	50±5 毫米
接种量（每瓶原种接栽培种数）	30～50 瓶（袋）
菌种外观　菌丝生长量	长满容器
菌丝体特征	洁白浓密、生长旺健
不同部位菌丝体	生长均匀、无角变、无高温抑制线
培养基及菌丝体	紧贴瓶（袋）壁，无干缩
培养物表面分泌物	无或有少量深黄色至棕褐色水珠
杂菌菌落	无
颉颃现象	无
子实体原基	无
气味	有香菇菌种特有的清香味，无酸、臭、霉等异味

2. 菌种检测方法

香菇菌种质量检验是一个综合性的全面认定，比较复杂。以下介绍 7 项质检方法，供生产实践中对照，见表 4-6。

表 4-6　香菇菌种质检方法与内容

质检方法	检查内容
感官检查	生产实践中总结了感官识别五字法，"纯、正、壮、润、香"能快速有效地鉴定出菌种质量的优劣。"纯"指菌种的纯度高，无杂菌感染，无斑块、无抑制线、无"退菌""断菌"现象等。"正"指菌丝无异常，具有亲本正宗的特征，如菌丝纯白、有光泽、生长整齐，连接成块，具弹性等。"壮"指菌丝发育粗壮、生长势旺盛、分枝多而密，在培养基恢复、定植、蔓延速度快。"润"指菌种含水量适中，基质湿润，与瓶壁紧贴，瓶颈有水珠，无干缩、松散现象。"香"指具香菇特有的香味，无霉变、腥臭、酸败气味
显微镜检查	挑取少量菌丝，置载玻片中央的水滴上，用接种针拨散，盖上玻片成为菌丝装片，也可加碘染色后进行镜检。正常的菌丝具有透明、分枝状，有横隔和明显的锁状联合。双核菌丝中，锁状联合多而密，则出菇力强，一般可认为是好菌种。凡仅有单核菌丝，经扩繁培养均不会出菇，不宜作为菌种
菌丝长速测定	在适宜的条件下，若菌丝生长迅速、粗壮有力、浓密整齐，一般为优质菌种；而菌丝生长缓慢、中断或长速极快、稀疏无力、参差不齐和易枯黄萎缩，则为劣质菌种。测定菌丝生长速度方法：用长 40 厘米、直径 13 毫米的玻管，在管两端距 5 厘米处向上烧弯成 45°角，倒入 PDA 培养基约 15 毫升，两端加棉塞，灭菌后将管平卧凝固，在管的一端接入菌种。经过 12～24 小时适温培养后，可在菌丝生长的最先端用笔画线，标志每天的生长速度。也可以在原种、栽培种瓶（袋）壁上画线测定

质检方法	检查内容
菌丝生长量测定	将菌种的菌苔接入无菌的液体培养基内,在相同的条件下,进行摇床振动培养。经过一定时间后,过滤收集菌丝,反复冲洗干净,分别置于容器内,在80~100℃烘箱中烘干至恒重。或在60℃温度下真空干燥,然后称重。凡菌丝增殖快、重量高的为优质菌株;反之,增殖慢、重量轻的为劣质菌株
耐高温测试	将母种置最适温度下培养,1周后取出换至30℃条件下培养,24小时后再放回最适温度下培养。经过如此偏高温度处理后,若菌丝仍健壮旺盛生长,则表明该菌株具有耐高温的优良性状;如果菌丝生长缓慢,出现发黄倒伏,萎缩无力,则为不良菌株
菌丝纯度测定	用锥形瓶装入浅层液体培养基,灭菌后接入搅散的菌种,在25℃条件下培养,1周后观察。若有气泡和菌膜发生,并具酸败味,说明菌种不纯,混有杂菌;如果无上述现象则菌种纯净无杂。再观察浮在液面的菌种,如果菌丝向旁边迅速生长、健壮有力、边缘整齐,且不断增厚,说明该菌株生长势强;若表面生长慢、稀疏、菌丝层薄,说明该菌株生长势弱,不宜用于生产
出菇试验	出菇是菌种综合指标的最后反映,良种必备高产优质。试验方法:一般用瓶或袋装培养基,接入香菇母种后,放在最佳温湿度条件下培养。当菌丝长至瓶底后,再移到最佳的温、湿、光、气条件下让其出菇。然后进行产量、品质对比。通过综合评比,选出菌丝生长速度快,子实体生长健壮,品质好,产量高的母种,即可应用于商业性规模栽培

八、菌种保藏与复壮

1. 菌种保藏方法

斜面低温保藏是一种常用、最简便的保藏方法，将需要保藏的菌种移接到 PDA 培养基上，置于 4～6℃冰箱贮藏。低温贮藏法简单易行，适用于所有食用菌菌种，是最实用的贮藏方法，已得到广泛应用。缺点是贮藏时间短，需经常继代培养，不但费时费工，而且传代多，易引起污染、衰退或造成差错。

2. 菌种复壮技术

菌种长期保藏会导致生活力降低。因此，要经常进行复壮，目的在于确保菌种优良性状和纯度，防止退化。复壮方法有以下几种。

（1）分离提纯

分离提纯也就是重新选育菌种。在原有优良菌株中，通过栽培出菇，然后对不同系的菌株进行对照，挑选性状稳定、没有变异、比其他品种强的，再次分离，使之继代。

（2）活化移植

菌种在保藏期间，通常每隔 3～4 个月要重新移植 1 次，并放在适宜的温度下培养 1 周左右，待菌丝基本布满斜面后，再用低温保藏。但应在培养基中添加磷酸二氢钾等盐类，起缓冲作用，使培养基酸碱度变化不大。

（3）更换养分

各种菌类对培养基的营养成分往往有喜新厌旧的现象，连续使用同一树种木屑培养基，会引起菌种退化。因此，注意变换不同树种和配方比例的培养基，可增强新的生活力，促进良种复壮。

（4）创造环境

一个品质优良的菌种，如传代次数过多，或受外界环境的影响，也常造成衰退。因此，在保藏过程中应创造适宜的温度条件，并注意通风换气，保持保藏室内干爽，使其在良好的生态环境下稳定性状。

第五章

香菇病虫害绿色防控技术

一、树立绿色防治新理念

香菇为大众公认的天然绿色食品，从田园到餐桌安全无污染，这是人心所向、大势所趋的时代消费潮流。香菇人工栽培处于大自然和小环境中生长，而且生产过程各个环节都与物质和空间潜藏的病原微生物及虫害相关联，稍有疏忽都有可能被袭染为害，这是客观存在。因此要生产绿色食品香菇，首先必须树立病虫害绿色综合防治新观念。病虫害的发生，甚至流行暴发，都有其一定的发展规律，不能仅在病虫害发生时去防治，更重要的是应从源头至中间环节，直到生产结束全程采取综合防治措施，才能彻底杜绝病虫害的发生。因此必须坚持"以防为主，防重于治"的原则，提倡生态防治、物理防治、生物防治，尽量不用或少用化学农药，确保香菇产品达到 NY/T749—2018《绿色食品 食用菌》标准，让消费者买得称心，吃得放心。

二、绿色综合防治措施

绿色综合防治，包括生态防治、生物防治、物理防治、科学用药防治。根据绿色食品的要求，结合香菇生产实际情况，提出以下具体实用性绿色防控的细化措施。

1. 生态防治

生态防治要求生产基地环境净化，清除污染源，这是防治病虫害从源头抓起的措施之一，具体技术如下。

（1）优化产地环境

绿色香菇产地条件应按照本书第二章香菇绿色工程基准条件，强制执行"三不许"：土壤、水源、空气不许曾经被污染；生产过程中不许被工业"三废"、生活垃圾等污染源侵染；3千米内不许有禽畜场、医院、生活区、化工厂、扬尘作业等。土壤、水源、空气质量应符合绿色产地标准。

（2）净化长菇场所

栽培房棚四周清除杂物，铲除病虫滋生土壤，撒施石灰、喷洒杀虫剂，彻底灭菌、除虫，保持干净整洁。房棚内气化消毒，注意墙边、棚边等死角，达到无害化条件。

（3）改变理化基础

现有香菇大面积生产是在野外菇场，长期种菇的场地，病虫繁殖指数和抗逆能力也随着上升和增强。因此必须实行菇稻轮作，一年种香菇，一年种水稻，通过水旱轮作改善土壤理化性状，隔断寄主病虫源，降低虫害基数，减轻病虫害发生程度。这是绿色有效防控病虫源的重要手段之一。

2. 物理防治

物理防治是利用各种物理因素，人工或器械杀灭害虫的一种重要手段。较为常用的是采取特殊光线，如紫外线灭菌，采用臭氧灭菌器、黑光灯杀虫。以下为现行香菇绿色栽培物理防治新方式，供选择使用（见表5-1）。

表 5-1 香菇绿色栽培物理防治措施

防治方式	具体做法	防治对象
新型防虫网	以聚乙烯为原料,添加紫外线稳定剂,组成无毒无味的网状织物。在菇房门窗和周围,以网作为隔离屏障,拒虫于网外	菇蚊、菇蛾、叶蝉、菇蝇、蓟马
动感黏虫板	利用化学光源学原理,制成黏合板夜间发光胶,罐头自喷黏胶,挂于发菌室和菇房门窗、培养架旁粘杀虫害	菇蚊、菇蛾、叶蝉、菇蝇、谷盗、跳虫
黄色诱杀板	利用黄色的强烈趋性,将纤维板或硬纸板裁成 1 米×0.2 米长条,涂成橙黄色,再用 10 号机油加少许黄油调匀涂于板上,置于门窗和培养架旁粘杀虫害	菌螨、菇蚊、菇蝇、谷盗、蝼蛄
灭蚊灯	该灯由诱光灯、吸风扇、灭蚊网袋 3 部分组成。根据蚊、蝇、蛾等虫害趋光性特点,采用特定波段的诱虫灯管,夜间开灯诱杀,风干而死。750 米² 房棚安装一只 8 瓦杀虫灯	菇蚊、菇蛾、叶蝉、菇蝇、白蚁
杀虫器	采用近距离用光、远距离用波,利用害虫自身产生的性激素引诱异性虫飞向灭虫器,通过空气导流罩的作用,由吸风扇将害虫吸入集虫箱内,被内置式高压电网击毙。150 米² 房棚,安装一台 16 瓦灭虫器即可	菇蚊、菇蛾、蓟马、白蚁

防治方式	具体做法	防治对象
捕鼠器	野外发菌室和长菇房常遭鼠害。采用铁丝夹、板夹、捕鼠笼装上诱鼠饵,捕捉除害	家鼠、山野鼠
挖坑驱杀	菇场周围挖50厘米深、40厘米宽的环形坑,可防白蚁入侵;采用浸、灌水入坑淹死或驱出白蚁	白蚁

3. 生物防治

（1）壮菇抑虫

所谓壮菇抑虫,即育壮香菇菌体,以强制胜,抑制病虫害,这是生物防治很重要的一项措施。而壮菇的最关键是使用优良脱毒菌种。香菇菌种由于自身不带任何病毒病菌,脱毒过程中人为调控基质及培养环境,使其大大提高对外界条件的适应性及抗逆性;脱毒过程又是一个恶劣条件下的驯化过程,使菌种自身一开始就生长在相对环境中,生长发育过程自然增强抗性,提高抗病能力,达到壮菇抑菌抑虫作用。

（2）以虫治虫

如通过以虫（天敌）或以虫体制成杀虫液治虫;以菌（苏云金杆菌、白僵菌等）治菌治虫;以性素（性息素）诱杀等。

（3）以菇驱虫

竹荪有一种特殊浓香气味,菇蚊等虫害闻味即飞,不敢接近。可在较大香菇棚旁边,栽培一些竹荪,让其子实体散发异香气味,驱逐蚊虫远离。竹荪也可作为香菇轮作的交换种植品种,使菇棚内有自然防虫的基础条件。

以下为各地绿色栽培生物防治方式及做法（表5-2）,

供参考。

表 5-2　香菇绿色栽培生物防治措施

防治方式	具体做法	防治对象
性外激素诱杀	性外激素，即利用人工合成性诱剂或直接利用交尾雌蛾活体诱杀。用防虫网制成长 10 厘米、直径 3 厘米的圆笼，每笼放 1～2 头交尾雌蛾，把笼子吊在盛水的盆上，并加少许煤油，黄昏后放于菇房中，每晚可诱杀很多雄蛾	菇蛾
抗生素治虫	10%浏阳霉素乳油 1000 倍液，在菌筒脱袋之前进行喷雾，连续 2 次	菌螨、线虫、红蜘蛛等
堆草诱捕	利用一些昆虫栖于薄层草堆下面的习性，将厚度 10～20 厘米的小草堆，按 5 米一行、3 米一堆，均匀摆放野外菇棚旁，次日揭草集中捕杀	蟋蟀、蜗牛、蛞蝓
以虫治虫	收取线虫连培养基捣碎腐烂，兑水 250 毫升，加洗衣粉 50 克，加水 50 千克，配成 0.2%杀虫液，喷雾线虫受害患处	线虫
以菌治菌	利用苏云金杆菌侵染害虫，起内毒素作用使其致死，还可由消化道入侵虫体腔中，大量繁殖，使昆虫败血致死	线虫、菌螨

4. 生物制剂防治

香菇绿色栽培病虫害防治生物制剂及使用方法，见表 5-3。

表 5-3　　香菇绿色栽培生物制剂防治对象与使用方法

防治对象	制剂与使用
霉菌	①草木灰 10~15 千克，兑水 50 千克，浸泡 24 小时后取滤液喷洒。 ②辣椒 35 克，水 1000 克，辣椒煮沸 10~15 分钟，去渣滤液喷雾受害处。 ③大蒜头 3 千克捣成糊状，加 100 千克水浸 30 分钟，去渣滤液喷洒。 ④红糖 300 克溶于 500 毫升水中，加 10 克白衣酵母，置室内每 10 天拌 1 次，发酵 15~20 天，待表面现洁白膜层后，取酵母液加入米醋、烧酒各 100 毫升，兑水 100 升。每天 1 次连喷 4~5 次，可杀灭细菌性斑病、灰霉病
线虫、谷盗	①胆液浓度 10%，加适量小苏打或中性洗衣粉，喷洒受侵处。 ②烟梗或烟叶切碎后按 1∶40 比例兑水，煮沸 1 小时，凉后过滤取液喷洒，每 667 米^2 用 75 千克。 ③苦皮藤提取液，辣椒粉 50 克，水 1000 克，煮 10 分钟，凉后取液喷洒
菌螨、红蜘蛛	①鲜烟叶平铺在菌螨危害的料面，待螨爬上后取叶烧掉；取猪骨放于菇床上，间距 10~20 厘米，诱螨后置沸水中烫死。 ②醋 100 毫升，沸水 1000 毫升，糖 100 克混匀，滴入 2 滴敌敌畏配成糖醋液，纱布浸透后放于有螨处，诱后沸水烫死。 ③茶籽饼粉炒出油香时出锅，料面上盖湿布，上再放纱布，油香粉撒在纱布上。 ④洗衣粉 400 倍液，连续喷雾 2~3 次。 ⑤番茄叶加少量水捣烂、榨汁，以 3 份原液 2 份水，加少量肥皂液喷洒

防治对象	制剂与使用
蚊、蝇、蛾	①草木灰 10 千克，配 50 千克水浸泡 24 小时，取滤液喷洒，每 667 米^2 用 20～30 千克。 ② 蒜、洋葱各 20 克混合捣烂，纱布包好，置 10 千克水中 24 小时，取液喷洒。 ③半夏、大蒜、桃树叶和柏树叶混合捣烂，以 1：1 加水浸渣后取液喷洒。 ④农用蚊香，在发菌室、出菇房内熏蒸驱杀
蜗牛、蛞蝓	①蜗牛、蛞蝓喜食白菜，可在菇房四周及畦床上，分别放些菜叶引诱取食，再从菜叶上捕捉，投入石灰或盐水盆中杀死。 ②茶籽饼粉 1 千克，兑水 10 千克，浸泡过滤后，加水 100 千克，喷洒其出入场所。 ③食盐，按 20 倍液喷洒
蓟马、蝼蛄（地老虎）	①烟叶 1 千克浸泡 2 次，每次加水 10 千克，搓揉取汁合并，加石灰 10 千克调匀喷杀。 ②麦麸 5 千克炒香，90％晶体敌百虫 130～150 克、白糖 250 克、白酒 50 克，兑 5 千克温水搅匀后，将冷却的麦麸倒入拌匀。选晴天傍晚将药放在畦床上诱杀。 ③苦皮藤提取液喷雾

三、常见杂菌绿色防治技术

1. 木霉

木霉又名绿霉。为害香菇的主要是绿色木霉，形态见图 5-1。

防治措施：注意清除培养室内外病菌滋生源，净化环境，杜绝污染源；培养基灭菌必须彻底，接种时严格执行无菌操作；菌袋堆叠要防止高温，定期翻堆检查；出菇阶段防止喷水过量，注意菇房通风换气。如在菌种培养基上发现绿色木霉时，这些菌种应立即淘汰。如在袋内料面发现绿霉菌时，可使用植物源杀菌剂大蒜素、烟草滤液等注

图 5-1 绿色木霉

射受害部位，或按 A 级绿色食品允许使用的农药，如 10% 浏阳霉素乳油 1000 倍溶液注射于受害部位。污染面较大的采取套袋，重新进行灭菌、接种。成菇期发现时，提前采收，避免扩大污染。

2. 链孢霉

链孢霉亦称脉孢霉、串珠霉，俗称红色面包霉，属于竞争性杂菌。其形态见图 5-2。

图 5-2 链孢霉

1. 孢子梗分枝　2. 分生孢子穗　3. 孢子

防治措施：严格控制污染源。链孢霉多从原料中的棉籽壳、麦麸、米糠带入，因此选择原料时要求新鲜、无霉变，并经烈日暴晒杀菌。塑料袋要认真检查，剔除有破裂与微细针孔的劣质袋；清除生产场所四周的废弃霉烂物；培养基灭菌要彻底，未达标不轻易卸袋；接种可用纱布蘸酒精擦袋面消毒，严格无菌操作；菌袋排叠发菌室要干燥，防潮湿、防高温、防鼠咬；出菇期喷水防过量，注意通风，更新空气。

3. 毛霉

毛霉又名长毛菌、黑面包霉。主要危害香菇的是总状毛霉，其形态见图5-3。

防治措施：注意净化环境条件，培养基灭菌彻底，严格接种规范操作，加强房棚消毒，注意室内通风换气，降低空气相对湿度，以控制其发生。一旦在菌袋培养基内发现污染时，可用 70%～75%酒精或用 pH 9～10 的石灰上清液注射患处。也可按A 级绿色食品允许使用的杀菌剂

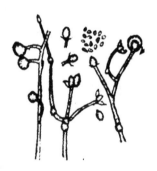

图 5-3　总状毛霉

甲基硫菌灵 70%可湿性粉剂 1000 倍液喷洒袋面。

4. 曲霉

曲霉，其品种较多，危害香菇的主要有黑曲霉、黄曲霉、土曲霉等，其形态见图5-4。

图 5-4　曲霉

1. 黑曲霉　2. 黄曲霉　3. 土曲霉

防治措施：除参考木霉、链孢霉防治办法外，在香菇菌袋培养中期打孔增氧阶段，可采取加强通风，增加光照，控制温度，造成不利于曲霉菌生长的环境。一旦发生污染，首先隔离污染袋，加强通风，降低空间相对湿度。污染严重时，可喷洒 pH9～10 的石灰清水，或用植物源杀菌剂辣椒、大蒜头滤液喷洒，也可按 A 级绿色食品允许使用的百菌清 75％可湿性粉剂 1000～1500 倍液喷洒。成菇期发生为害时，可提前采收。

5. 青霉

青霉，其形态见图 5-5。

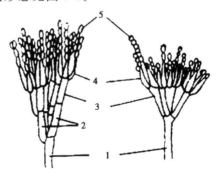

图 5-5　青霉

1. 分生孢子梗　2. 副枝　3. 梗基　4. 小梗　5. 分生孢子

防治措施：参考木霉防治办法。特别强调发菌培养室加强通风，菇棚保持清洁；同时注意降低温湿度，以控制发病率。若菌袋局部发生时，可用5％～10％石灰水涂刷或在患处撒石灰粉；也可按A级绿色食品允许使用的50％可湿性多菌灵1000～1500倍液杀灭病原菌。

四、常见虫害绿色防治技术

1. 菌蚊

菌蚊，包括菌蚊科、眼蕈蚊科、瘿蚊科、粪蚊科等有100多个品种，属于双翅目害虫，是香菇生产中的主要害虫之一。常见菌蚊形态见图5-6。

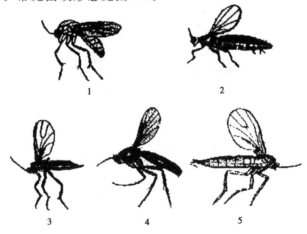

图5-6 菌蚊

1. 小菌蚊　2. 真菌瘿蚊　3. 厉眼蕈蚊　4. 折翅菌蚊　5. 黄足蕈蚊

防治措施：注意菇房及周围的环境卫生，并撒石灰粉消毒处理，香菇菌袋培养进入打孔增氧前3天进行一次喷药灭害，可采取植物源杀虫剂，如大蒜头、辣椒、除虫菊等滤液进行喷雾。菇房门窗和通气孔安装防虫网，网上定期喷植物制剂除虫菊液，阻隔和杀灭菌蚊。房棚内安装灭蚊灯诱杀，或采用动感黏虫板，挂在发菌室或菇棚内，粘杀入侵菌蚊。发现子实体被害，应及时采摘，并清除残留，涂刷石灰水。菌蚊发生时尽量不用农药，在迫不得已的情况下，可使用 AA 级绿色食品规定的鱼藤根、烟草水、苦参等植物源杀虫剂进行喷雾；或按 A 级绿色食品允许限量使用的叶蝉散 2％粉剂 1500 倍液喷雾。

2. 害螨

害螨，俗称菌虱，种类很多。在香菇生产全过程中几乎都与螨有关，诸如培养料、菌种、栽培房棚，以及周围环境等都与螨关系密切。

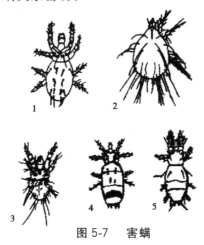

图 5-7　害螨

1. 蒲螨　2. 家食甜螨　3. 粉螨　4. 兰氏布伦螨　5. 害长头螨

防治措施：发现螨类，难以根除。因螨虫小，又钻进培养基内，药效过后它又会爬出来，不易彻底消灭。因此，只好以防为主，保持栽培场所周围清洁卫生，远离鸡、猪、

138

仓库、饲料棚等。场地可按 A 级绿色食品允许限量使用的敌百虫 90％，按固体 100 克/667 米² 比例稀释进行喷雾，杀灭潜存螨源。在栽培环节中，原料必须新鲜无霉变，用前经过暴晒处理。在开口增氧之前，为了防止螨类从开口处侵入，菇房可提前 1 天用扑虱灵 25％可湿性粉剂1000～2000 倍液喷雾，然后把室温调节到 20℃，关闭门窗，杀死螨类。尔后再通风换气，排除农药的残余气味。这样，既有效地防止螨类为害，又不伤害香菇的菌丝。子实体生长前期发现螨虫，可用新鲜烟叶平铺在有螨虫的菌袋旁，待烟叶上聚集螨时，取出用火烧死；也可用鲜猪骨间距10～20 厘米排放于螨害处，待诱集后取出用沸水烫死；还可以将茶籽饼研成粉，微火炒至油香时出锅撒在纱布上，诱螨后取出用沸水烫死。

3. 跳虫

跳虫，又名香灰虫、烟灰虫，属弹尾目无翅低等小昆虫，是香菇生产害虫之一。常见跳虫有以下几种，其形态见图 5-8。

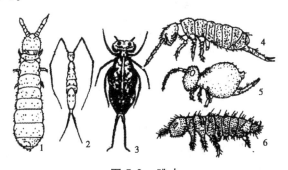

图 5-8　跳虫

1. 乳白色棘跳虫　2. 木耳盐长角跳虫　3. 斑足齿跳虫

4. 等节跳虫　5. 圆跳虫　6. 紫跳虫

防治措施：及时排除菇棚四周水沟的积水，并撒石灰粉消毒，改善卫生条件。跳虫不耐高温，培养料灭菌彻底，是消灭虫源的主要措施。出菇前菌袋可喷洒植物源杀虫剂除虫菊滤液 150～200 倍液，也可按 A 级绿色食品允许限量使用的 90％敌百虫 800～1000 倍液喷雾。喷药应从棚内四周向中间喷洒，防止害虫逃跑。还可以用敌百虫或 0.1％鱼藤精药剂拌蜂蜜进行诱杀。

4. 线虫

线虫为蠕形小动物，属于无脊椎动物的线形动物门线虫纲。线虫大小与香菇菌丝粗细差不多。为害香菇生产的线虫，其形态见图 5-9。

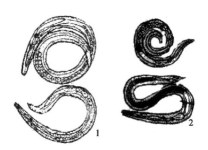

图 5-9　线虫
1. 堆肥滑刃线虫　　2. 木耳线虫

防治措施：栽培前先对菇房和培养架及一切用具进行彻底消毒，不给线虫有存活的条件；培养基灭菌要彻底，水源应进行检测，对不清洁的水可加入适量明矾沉淀净化；栽培时喷水不宜过湿，经常通风并及时检查。发生线虫病时，将病区菌袋隔离；同时停止喷水，可用 1％食盐水植物液杀虫剂或烟梗烟叶制液喷洒几次。长菇期可用 1％冰醋酸或 25％米醋等无公害溶液洒滴病斑，控制其蔓延扩大。及时清除烂菇、废料。

5. 蛞蝓

蛞蝓又名水蜒蚰、鼻涕虫。为害香菇生产的软体动物主要有 3 种，其形态见图 5-10。

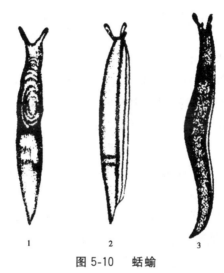

图 5-10　蛞蝓

1. 野蛞蝓　2. 黄蛞蝓　3. 双线嗜黏液蛞蝓

防治措施：搞好场地周围的卫生，清除杂草、枯枝落叶及石块，并撒一层石灰粉。或用茶籽饼 1 千克，清水 10 千克浸泡过滤后，再加清水 100 千克进行喷洒。夜间 10 时左右进行人工捕捉。发现为害后，每隔 1～2 天用 5％来苏儿喷洒蛞蝓活动场所，也可按 A 级绿色食品允许限量使用的马拉硫磷 50％乳油 1500～2000 倍液喷雾。

五、侵染性病害绿色防治技术

香菇侵染性病害，栽培者往往未能很好地识别病态和病原，以致盲目采用化学农药处理，结果不但不能有效防治，反而导致菇体受害，产品农残超标，栽培效益欠佳。以下介绍常见的侵染性病害特征与病原及防治措施。

1. 褐腐病

病态表现受害的香菇子实体停止生长，菌盖、菌柄的组织和菌褶均变为褐色，最后腐烂发臭。病原菌为疣孢霉，多发生于含水量多的菌袋上，在气温20℃以上时发病增多。主要是通过被污染的水或接触病菇的手、工具等传播，侵入子实体组织的细胞间隙中繁殖，引起发病。

防治措施：搞好菇棚消毒，培养基必须彻底灭菌处理；出菇期间保湿和补水用水要清洁，同时加强通风换气，避免长期处于高温高湿的环境；受害菇及时摘除、销毁，然后停止喷水，加大通风量，降低空间湿度。采用植物源杀菌剂辣椒滤液喷雾，也可按A级绿色食品允许使用的井冈霉素1000倍液喷洒菌袋。成菇提前采收，并用漂白粉600倍液喷洒病灶，避免二茬长菇时病害复发。

2. 软腐病

受害的香菇菌盖萎缩，菌褶、菌柄内空，弯曲软倒，最后枯死、僵缩。病原菌为茄腐镰孢霉，侵蚀子实体组织形成一层灰白色霉状物，此为部分孢子梗及分生孢子。此病菌平时广泛分布在各种有机物上，空气中飘浮的分生孢子，在高温高湿条件下发病率高，侵染严重的造成歉收。

防治措施：原料暴晒，培养基配制时含水量不超60%，装袋后灭菌要彻底；接种选择午夜气温低时进行，严格无菌操作；菌袋脱膜前，可喷大蒜头制液，也可使用A级绿色食品允许限量使用的多抗霉素或浏阳霉素喷洒杀菌。幼菇阶段发病时，可喷洒 pH8 的石灰上清液；成菇期发生此病，提前摘除，并用 5％石灰水浸泡，产品采取清水洗后烘干处理。

3. 猝倒病

感病菇菌柄收缩干枯，不发育，凋萎，但不腐烂，使产量减少，品质降低。病原菌为腐皮镰孢霉。多因培养料质量欠佳，如棉籽壳、木屑、麦麸等原辅料结块霉变；装料灭菌时间拖长，导致基料酸败；料袋灭菌不彻底，病原菌潜藏培养基内，在气温超过 28℃时发作。

防治措施：优化基料，棉籽壳、麦麸等原辅料要求新鲜无结块、无霉变；装袋至上灶灭菌时间不超过 6 小时，灭菌上 100℃后保持 16～20 小时；发菌培养防止高温烧菌，室内干燥、防潮、防阳光直射；菌袋适时开口增氧，促进原基顺利形成子实体。长菇温度掌握在 23～28℃，相对湿度 85％～90％。子实体发育期一旦发病应提前采收，及时挖除受害部位的基料，并喷洒 75％百菌清 1500 倍液；生息养菌 2～3 天后，再喷水增湿，促进继续长菇。

4. 黑斑病

受害的香菇子实体出现黑色斑点，分布在菌盖和菌柄上，菇体色泽明显反差。轻者影响产品外观，重者导致霉变。病原菌为头孢霉，主要是通过空气、风、雨雾进行传播；常因操作人员身手及工具接触感染；菇房温度在 25～30℃，通风不良，喷水过多，液态水淤积菇体过甚时，此病易发。

防治措施：保持菇房清洁卫生，通风良好，防止高温高湿；接种后适温养菌，加强通风，让菌丝正常发透；出菇阶段喷水掌握轻、勤、细的原则，每次喷水后要及时通风；幼菇阶段受害时，可用 pH8 石灰上清液喷洒；成菇发病及时摘除，并挖掉周围被污染部位，用大蒜头、辣椒等溶液喷洒或用 A 级绿色食品允许限量使用的甲基硫灵 50％悬浮剂 1500 倍液喷洒。

5. 霉烂病

受害子实体出现发霉变黑，烂倒，闻有一股氨水臭味，传播较快，严重时导致整批霉烂歉收。病原菌为绿色木霉，侵蚀子实体表层，初期为粉白色，逐渐变绿色、墨黑色，直到糜烂、霉臭。多因料袋灭菌不彻底，病原菌潜伏基料内，导致长菇时发作，由菌丝体转移到子实体；同时由于菇房湿度偏高，通风不良有利蔓延，受害菇失去商品价值。

防治措施：彻底清理接种室、培养室及出菇棚周围环境。在菇棚周围约 30 米距离内，可按 A 级绿色食品允许限量使用的 50％可湿性粉剂多菌灵溶液喷雾，密闭 2 天后方可启用；料袋含水量不宜超 60％，并彻底消毒，不让病原菌有潜藏余地；接种严格执行无菌操作，培养室事先喷洒75％百菌清可湿性粉剂 1500～2000 倍液，杀灭潜存在室内的病原菌；发生病害后，将病袋移出焚烧或深埋，也可使用 3％石灰拌入处理后进行打碎、堆制发酵，作有机肥用。

6. 枯死病

常在原基出现后不久枯死，不能分化成子实体，影响一茬菇的收成。其病原为线虫蠕形小幼物。常在梅雨、闷湿、不通风的情况下发生，线虫以针口刺入菌丝内，吸食细胞液，造成菌丝衰退，不能输送养分水分供原基生长与分化，以致其枯死。有时也会直接咬食原基和幼菇，使香菇子实体失去生长发育的能力而枯死。

防治措施：菇房及一切用具事先消毒，不给线虫有存活条件；培养料采取先集堆发酵，再装袋灭菌；发菌培养注意控温，以不超过28℃为好。气温高时应及时进行疏袋散热，夜间门窗全开，整夜通风，使堆温、袋温降低，育好母体，增加抗逆力；适时开口增氧，促使菌丝正常新陈代谢，如期由营养生长转入生殖生长；幼菇阶段喷水宜少宜勤，不可过量，防止积水；同时注意通风换气，创造适宜的环境条件。对已受害的菇体及时摘除，并挖除表层，按A级绿色食品允许使用的杀虫双17％水剂1000倍液喷雾。停止喷水2～3天后，让菌丝复壮，然后适量喷水，促其再长菇。

第六章

香菇绿色产品采收加工技术

一、掌握成熟期规范采收

产品采收加工是香菇生产全过程的最后一个环节。如若稍有忽视，必然使"将要到手的钱，又白白从指缝间溜走"，因此，必须把好最后一关。

1. 掌握成熟期

（1）把握成熟标准

香菇采收的标准应根据产品市场要求而定。保鲜出口菇要求子实体成熟度七成时采收，一般为菌膜已破，菌盖表面光泽，盖边内卷，与菌柄仅有一半伸展，菌褶白色不倒纹，此时就要开采。

加工干菇的，则要求子实体八成熟时采收。即菌膜已破，菌盖尚未完全展开，尚有少许内卷，形成"铜锣边"；菌褶已全部伸长，并由白色转为黄褐色或深褐色，为最适时的采收期。适时采收的香菇，色泽鲜艳，香味浓，菌盖厚，肉质柔韧，商品价值高；过期采收，菌伞充分开展，肉薄、脚长、菌褶变色，重量减轻，商品价值低。

（2）选择采集容器

采集鲜菇宜用小箩筐或竹篮子装盛集中，并要轻放轻取，保持香菇的完整，防止互相挤压损坏，影响品质。特别是不宜采用麻袋、木桶、木箱等盛器，以免造成外观损伤或霉烂。采下的鲜菇要按菇体大小、朵形好坏进行分类，然后分别装入塑料周转筐内，以便分等加工。鲜菇采收见图 6-1。

图 6-1　鲜菇采收（引自北京杨春华）

2. 讲究采收技术

（1）采菇时间

晴天采菇有利于加工。阴雨天一般不宜采，因雨天香菇含水量高，保鲜加工易霉烂，加工干品也难以干燥，影响品质。若菇已成熟，不采就要误过成熟期时，雨天也要适时采收，但要抓紧加工干制。

（2）采菇方法

根据采大留小的原则采收。摘菇时左手提菌筒，右手拇指和食指捏紧香菇菌柄的基部，先左右旋转，再轻轻向上拔起。注意不要碰伤周围小菇蕾，不让菇脚残留在菌筒上。如果香菇生长较密，基部较深，可用小尖刀从菇脚基部挖起。采摘时不可粗枝大叶，防止损伤菌筒表面的菌膜。

（3）采前不喷水

香菇采收前不宜喷水，因为采前喷水导致子实体含水量过高，无论是保鲜或脱水加工时菌褶会变黑，不符合出口色泽要求，商品价值低。

（4）菌筒养护

采收后的菌筒，及时排放于畦床的排筒架上，喷水后罩紧薄膜保温、保湿，并按照各季长菇管理技术的要求进行管理，使幼蕾继续生长。冬季在揭开薄膜采菇时，应特别注意时间，不能拖延过长，以防幼蕾被寒风吹萎。

二、香菇产后菌渣再利用种菇技术

香菇菌袋产菇结束后的废料称菌渣、菌糠，现大都用于果树施肥或作为沼气堆料。也有的产区随便扔在菇场旁，给环境带来污染；甚至部分污染料潜存杂菌，给再生产带来病源。实施绿色高优栽培，还必须做好产后废菌料的处理和利用。近年来各产区在实施农业循环济中，对香菇的废料进行化验表明，这些菌渣中含有未被利用的菌蛋白、纤维素和矿质元素等丰富的营养物质，通过技术处理，还可用于栽培鸡腿蘑、大球盖菇、竹荪等菇类，提高利用率，增加经济收入，并实现零排放，节能环保。

1. 菌渣栽培鸡腿蘑

鸡腿蘑，又名毛头鬼伞，适应性极广。利用香菇菌渣栽培鸡腿蘑，具体技术如下。

（1）集堆发酵

先将香菇废袋去掉袋膜，取废筒打碎。再按菌渣干料量折算加入麸皮 5%、石灰 2%，调至含水量 60%～65%。搅拌均匀，集堆，在料堆中间每隔 50 厘米放直径 8～10 厘米的木棒或竹竿。待堆料完成后，抽出木棒形成通气洞，再在料堆的两侧各打同样 2～3 排的空洞，以利用堆内通气，形成好氧发酵。发酵时间 8～10 天，中间进行翻堆，一般隔天进行。发酵好的料呈棕褐色，不黏、无臭和无酸味，pH7～7.5。

（2）配料装袋

把以上发酵好的料，再按干料量加入麸皮 15%、玉米粉 2%、碳酸钙 1%、过磷酸钙 0.5%，调至含水量达 60%。然后装入 17 厘米×33 厘米×0.05 毫米的聚丙烯折角袋内，每袋装料湿重 1 千克，高度 12 厘米，中间打洞，并用橡皮筋扎口。再装入编织袋内，扎牢袋口。

（3）常压灭菌

采用常压高温灭菌，当料温升到 100℃，保持 16～18 小时后，卸锅冷却。

（4）接种发菌

按无菌操作要求进行接种，接种后把菌袋排放在架床上，每平方米可排放 70～80 袋，温度控制在 22～28℃，空气相对湿度 70% 以下，光线宜暗。经过 35～40 天培养，菌丝发满袋。

（5）覆土出菇

长满菌丝后剪去袋口薄膜，上面覆盖经消毒过的泥土，覆至袋口平。当见到土缝间小菇蕾出现时，空间相对湿度应保持80％～90％，同时经常通风换气，散射光对菇蕾的分化有促进作用。春季在3月下旬至5月上旬，秋季10月上旬至11月中旬为最佳出菇季节。一般春季袋产量可达200～300克，秋季袋产量150～200克。9月中旬后气温30℃左右，应把袋内疏松覆土倒掉，重新覆土，促使长二潮菇。

2. 菌渣栽培毛木耳

香菇菌渣栽培毛木耳，其成本可降低15％～20％，效果很好。其栽培技术如下。

（1）菌渣处理

将收获结束的香菇菌渣，破袋取料，打碎摊开晒干，收集备用。

（2）配料比例

菌渣25％，杂木屑33％，棉籽壳20％，麦麸15％，米糠5％，石膏粉0.7％，碳酸钙1％，混合肥0.3％，料与水的比例为1：（1～1.2）。

（3）料袋制作

毛木耳栽培袋规格为15厘米×55厘米，每袋装干料0.9～1千克。装袋按常规，料袋灭菌100℃以上保持24小时，达标后趁热卸袋，疏排散热。

（4）接种发菌

料袋正面打4个接种穴，不贴胶布。毛木耳菌种多为袋装（13.5厘米×24厘米），每袋菌种可接25～30个栽培袋。接种后菌袋置于室内，按每4袋交叉重叠10～12层，进行发菌培养。菌袋培养 8～10 天后进行第一次翻袋，以后每隔 7～8 天翻袋 1 次。发菌期温度以不低于 22℃、不超过 32℃为好。

（5）出耳管理

接种后经过 30 天培育，菌丝走满袋，生理成熟即进入诱耳。具体操作：用刀片在袋侧面各割"×"形出耳穴 4 个，穴口掌握在 2 厘米长为适。割穴后疏袋散热，菌袋改为 3 袋交叉重叠，扩大空间；并喷雾化水于空间，相对湿度保持 85%，诱导耳芽发生。夏天气温高时，可在地面喷水增湿。待大部分耳芽长出 1 厘米后，将菌袋搬进室内或野外菇棚的培养架上排袋出耳。每天喷水 1～2 次，直喷耳片上，以耳片湿润为适。出耳温度 25～32℃均可，每天通风 1～2 次。从接种到采收一般 55 天，可连续采收 4～5 批结束，生物转化率达 130%。

3. 菌渣栽培竹荪

利用香菇菌渣栽培竹荪，其操作方法如下。

（1）菌渣处理

将废袋集中晒场并脱去袋膜，取料捣散晒干。然后按菌渣 50%、玉米秆 47%（也可用棉花秆、豆秆、花生壳或竹、木、果、桑枝丫碎屑）、石灰 3%比例，加清水 130%。采取一层秸秆一层菌渣，把石灰溶于水中后，洒于料层上，逐层堆放，在上面盖薄膜发酵 10 天，其间翻堆 3～4 次，拌匀后含水量 60%～65%即可。

（2）播种覆土

竹荪栽培场可在野外田地、林果园间或大棚内，畦床底宽 50～60 厘米，四周为排水沟。先将发酵后的培养料 2/3 量铺放畦床上，在料面撒播竹荪菌种；再将 1/3 培养料铺在上面，用脚踩实，使料与菌种吻合，整个料层 15 厘米厚，形成底层宽，上层稍缩的菌床。每平方米用料 12～15 千克，菌种 2～3 袋，并在料面覆土 3～4 厘米，最后在覆土层再铺放一层玉米等作物秸秆即可。野外田地栽培接种后，可在畦旁每间隔 1 米套种玉米、大豆、辣椒等作物遮阳。

（3）出菇管理

播种覆土后若气温低时，畦床上方罩膜保温发菌，菌丝生长温度 8～35℃均可，但以 25～28℃最适。发菌培养在适温条件下 50～60 天出现菌球，逐步膨大，并破口抽柄，撒裙成子实体。子实体生长温度 25～35℃均可，每天上午空间喷水 1 次，相对湿度要求 90%～95%。如果湿度底，菌裙悬结难以伸张，影响产品质量。长菇期处于高温期，光强过大时，上方可加遮阳网。一般播种后 60 天，就可采收竹荪。

4. 菌渣栽培大球盖菇

香菇菌渣通过发酵配制，在室外免棚栽培大球盖菇，接种后 60 天出菇，每平方米可采收鲜菇 10～15 千克，低成本、高产量、高效益。具体方法如下。

（1）菌渣发酵

将菌渣集中在水泥坪上，割掉薄膜袋，取出菌渣，打散晒干。然后按菌渣 70%、棉籽壳 10%、杂木屑 10%、稻草 7%、石灰 3%、清水 1∶1.3 配制。将上述料混合均匀，石灰溶水后洒于料上，反复搅拌后，整堆发酵 15 天，中间翻堆 3 次，达到料疏松、无氨气即可。播种时再加清水，含水量掌握在 60% 左右。

（2）栽培季节

大球盖菇一般 9 月中旬至 11 月播种，11 月至翌年 3 月为长菇期。

（3）场地处理

因地制宜选用水稻收成后的田地，将收割后剩余的稻根压平。也可以利用果园、林地作栽培场，但要靠近水源，方便管理。

（4）铺料播种

将发酵料铺于压平稻根的畦床上。床宽 1 米左右，长度视场地而定。铺料 15 厘米厚，播入大球盖菇的菌种，每平方米使用菌种 5 瓶。然后在田地挖沟，深 20 厘米，宽 50 厘米。将挖出的泥土打碎，覆盖于畦床上，厚 3～4 厘米，畦床表层覆盖稻草 5～6 厘米。菇棚不必遮盖，利用地温地湿自然生长。若气候干燥时，应加水浇湿床面草料。

（5）出菇管理

播种后 1 个月左右，菌丝基本走满床内，并爬向床面，菌丝色泽白，粗壮密集。播种后 45～60 天可出菇，此时在畦床上插弓条，罩盖遮阳网。管理过程不应使料内过湿，也不要让料内干燥，做到适量喷水。如气候干燥床面要喷水，渗透床内菌丝。气温在 15～23℃时，子实体生长发育良好。菇蕾发生至成熟，一般 5～10 天。大球盖菇宜在未开伞前采收，其味道、口感最佳。现有市场主要是鲜销或加工盐渍上市。

三、香菇冷藏保鲜加工技术规范

1. 出口菇保鲜加工

香菇保鲜出口要求保持原有的形态、色泽和田园风味。要达到这个标准，应把握以下保鲜加工技术关键。

（1）冷库设施

根据本地区栽培面积的大小和客户需求的数量，确定建造保鲜库的面积，其库容量通常以能容纳鲜菇3～5吨为宜。也可以利用现有水果保鲜库贮藏。

保鲜库应安装压缩冷凝机组、蒸发器、轴流风机、自动控温装置、供热保温设施等。如果利用一般仓库改建为保鲜库，也需安装有关机械设备及工具。冷藏保鲜的原理是，通过降低环境温度来抑制鲜菇的新陈代谢和抑制腐败微生物的活动，使之在一定时间内保持产品的鲜度、颜色、风味不变。香菇组织在4℃以下停止活动，因此，保鲜库的温度宜在0～4℃。

（2）鲜菇要求

保鲜出口的香菇要求朵形圆整，菇柄正中，菇肉肥厚，卷边整齐，色泽深褐，菇盖直径3.8厘米以上，菇体含水量低，不粘泥、无虫害、无缺破，保持自然生长的优美形态。符合要求者冷藏保鲜，不合标准者的烘干加工处理。如果采前10小时内喷水的，就不合乎保鲜质量要求。

（3）晾晒排湿

经过初选的鲜菇，摊铺于晒帘上，及时置于阳光下晾晒，让菇体内水分蒸发。晾晒的时间，秋冬菇本身含水率低，一般晒3～4小时；春季菇含水率高，需晒6小时左右；夏季阳光热源强，晒1～1.5小时即可。晾晒排湿后的标准是，以手捏菌柄无湿润感，菌褶稍有收缩。一般经过晾晒后，其脱水率为25％～30％，即每100千克鲜菇晒后只有70～75千克的实得量。

（4）分级精选

经过晾晒后的鲜菇，按照菇体大小进行分级。采用白铁皮制成"分级圈"，现行一般分为3.8厘米、5厘米、8

厘米 3 种不同的分级圈。同时要进行精选，剔除菌膜破裂、菇盖缺口以及有斑点、变色、畸形等不合格的等外菇。然后按照大小规格分别装入专用塑料筐内，每筐装 10 千克。

（5）入库保鲜

分级精选后的鲜菇，及时送入冷库内保鲜。冷库温度掌握在 0～4℃，使菇体组织处于停止活动状态。入库初期不剪菇柄，待确定起运前 8～10 小时，才可进行菇柄修剪。如果先剪柄，容易变黑，影响质量。因此，在起运前必须集中人力突击剪柄。菇柄保留的长度，按客户要求一般为 2～3 厘米，剪柄后纯菇率为 85％左右，然后继续入库冷藏散热，待装起运。

（6）包装起运

鲜菇保鲜包装箱，采用泡沫塑料制成的专用保鲜箱，内衬透明无毒薄膜，每箱装 10 千克。另一种采用透明塑料袋小包装，每袋 200 克、250 克不等；或白色泡沫塑料盒，每盒装 6 朵、8 朵、10 朵不等，排列整齐，外用透明塑料保鲜膜包裹。然后装入纸箱内，箱口用胶纸密封。包装工序需在保鲜库内控温条件下进行，以确保温度不变。

鲜菇包装后采用专用冷藏汽车，迅速送达目的地。现有鲜菇主要销往日本、新加坡等地，多采用空运，几小时内到达国外。运往国内超市多用冷藏车送到销售地冷库。由于保鲜有效期一般为 7 天左右，所以起运地到交接点，以及国外航班时间都要衔接好，以免误时影响菇体品质。

2. 超市 MA 保鲜加工

利用塑料薄膜封闭气调法，亦称简易气调或限气贮藏法，简称 MA 贮藏。在全国各地超市的冷柜内，经常可以看到用保鲜盒、保鲜袋包装的新鲜香菇，这是利用 MA 贮藏鲜菇的形式。

（1）MA 保鲜原理

MA 贮藏保鲜法是在一定低温条件下，对鲜菇进行预冷，并采用透明塑料托盘，配合不结雾拉伸保鲜膜，进行分级小包装，简称 CA 分级包装。然后进入超市货架展销，购物环境改观，这在国内外超市极为流行。这种拉伸膜包装的原理，主要是利用菇体自身的呼吸和蒸发作用，来调节包装内的氧气和二氧化碳的含量，使菇体在一定销售期间保持适宜的鲜度和膜上无"结霜"现象。近年来随着超市的风行，国内科研部门极力探索这种超市气调包装技术。

（2）保鲜包装材料

现有对外贸易上除通用塑料袋真空包装及网袋包装外，多数采用托盘式的拉伸膜包装。托盘规格按鲜菇 100 克装用 15 厘米×11 厘米×2.5 厘米，200 克装用 15 厘米×11 厘米×3 厘米，300 克装用 15 厘米×11 厘米×4 厘米。拉伸保鲜膜宽 30 厘米，每筒膜长 500 米，厚度 10～15 微米。拉伸膜要求透气性好，有利于托盘内水蒸气的蒸发。目前常见塑料保鲜膜及包装制品有：适于菇品超市包装的低密度聚乙烯（LKPE），还有热定型双向拉伸聚丙烯材料制成极薄（<15 微米）防结雾的保鲜膜，这些薄膜有类似玻璃般的光泽和透明度。托盘为聚苯乙烯（PS）材料，利用热成塑工艺，制成不同规格的托盘。

（3）套盘包装方法

按照超市需要的品种，区别菇品大小不同规格进行分级包装。包装机械采用日本产托盘式薄膜拉伸裹包机械和袋装封口机械，有全自动和半自动两种。国内多采用手工包装机。包装台板的温度计为高、中、低 3 档，以适应不同材料及厚度的保鲜膜包装使用。包装时分别按菇体大小不同规格，香菇以鲜品 100 克量，托盘排放时分为 L 级大 4 朵、M 级中 5～6 朵、S 级小 8 朵，形成一盘形态美观的菇花。袋装的 500 克量。包装时将菇品按大小、长短分成同一规格标准定量，排放于托盘上，要求外观优美，菇形整齐，色泽一致；然后用保鲜膜覆盖托盘上，并拉紧让其紧缩贴于菇体上即成。一个熟练女工每小时可包装 100 克量的 300～400 盒。

（4）产品分级标准

保鲜菇品的等级标准，按照各个品种的市场需要制定。规格上分为 A、B、C、D、E 5 个级别，分级标准是以菇盖直径大小、开伞程度、菌柄长短、朵形好坏、色泽程度来划分。

（5）商品货架保鲜期

鲜菇 MA 贮藏保鲜，在超市冷贮货柜上 0～4℃ 条件下贮藏，商品货架期可达 20～25 天。

四、鲜菇干制加工技术规范

1. 脱水烘干工艺

脱水烘干是香菇生产加工的一个重要环节，它占整个香菇量的 80％。我国现有加工均采取机械脱水烘干流水线，鲜菇一次进房烘干为成品，使香菇朵形圆好，菇褶色泽蛋黄色，菇盖皱纹细密，香味浓郁，品质提高。具体技术应按照 NY/T1204《食用菌热风脱水加工技术规程》。

（1）脱水干制梯度与等度

香菇脱水干燥的原理，概括为"两个梯度、一个等度"。①湿度梯度。当菇体水分超过平衡水分，菇体与介质接触，由于干燥介质的影响，菇体表面开始升温，水分向外界环境扩散。当菇体水分逐渐降低，表面水分低于内部水分时，水分便开始由内向表面移动。因此，菇体水分可分若干层，由内向外逐层降低，这叫湿度梯度。它是香菇脱水干燥的一个动力。

②温度梯度。在干制过程中有时采用升温、降温、再升温的方法，形成温度波动。当温度升高到一定程度时，菇体内部受热；降温时菇体内部温度高于表面温度，这就构成内外的温度差别，叫温度梯度。水分借温度梯度，沿热流方向迅速向外移动而使水分蒸发。因此，温度也是香菇干燥的一个动力。

③平衡等度。干制是菇体受热后热由表面逐渐转向内部，温度上升造成菇体内部水分移动。初期一部分水分和水蒸气的移动，使体内、外部温度梯度降低；随后水分继续由内部向外移动，菇体含水量减少，即湿度梯度变小，逐渐干燥。当菇体水分减少到内部平衡状态时，其温度与干燥介质的温度相等，水分蒸发作用就停止了。

（2）脱水烘干技术要领

香菇脱水烘干，主要掌握以下技术关键。

①精选原料。鲜菇要求在八成熟时采收。采收时不可把鲜菇乱放，以免破坏朵形外观；鲜菇不可久置于24℃以上的环境中，以免引起酶促褐变，造成菇褶色泽由白变浅黄或深灰甚至变黑；同时禁用泡水的鲜菇。根据市场客户的要求分类整理，大体有3种规格：菇柄全剪、菇柄半剪（即菇柄近菇盖半径）、带柄修脚。

②装筛进房。把鲜菇按大小、厚薄分级，摊排于竹制烘筛上，菌褶向上，均匀排布，然后逐筛装进筛架上。装满架后，筛架通过轨道推进烘干室内，把门紧闭。若是小

型的脱水机，则只要把整理好的鲜菇摊排于烘筛上，逐筛装进机内的分层架上，闭门即可。烘筛进房时，应把大的、湿的鲜菇排放于架中层，小菇、薄菇排于上层，质差的或菇柄排于底层，并要摊稀。

③掌握温度。起烘的温度应以35℃为宜，通常鲜菇进房前先开动脱水机，使热源输入烘干室内，鲜菇一进房在35℃下，其菇盖卷边自然向内收缩，加大卷边比例，且菇褶色泽会呈蛋黄色，品质好。

烘干箱内温度上35℃起，逐渐升温到60℃左右结束，最高不超过65℃。升温必须缓慢，如若过快或超过规定的标准要求，易造成菇体表面结壳，反而影响水分蒸发。升温要求见表6-1。

表6-1　香菇脱水升温一览表

时间（小时）	1	2~4	5~6	7~9	10~11	12~13	14	15~16	17	18~22
温度（℃）	35	40	43	45	48	50	52	53	55	60
阶　段	起烘	脱水			定色			干燥		

④排湿通风。香菇脱水时水分大量蒸发，要十分注意通风排湿。当烘干房内相对湿度达70％时，就应开始通风排湿。如果人进入烘房时骤然感到空气闷热潮湿，呼吸窘迫，即表明相对湿度已达70％以上，此时应打开进气窗和排气窗进行通风排湿。干燥天和雨天气候不同，鲜菇进烘房后，要灵活掌握通气和排气口的关闭度，使排湿通风合理，烘干的产品色泽正常。

（3）干品水分测定

经过脱水后的成品，要求含水率不超过13％。测定含水量的方法：感观测定，可用指甲顶压菇盖部位，若稍留指甲痕，说明干度已够。电热测定，可称取菇样10克，置

159

于 105℃电烘箱内，烘干 1.5 小时后，再移入干燥器内冷却 20 分钟后称重。样品减轻的重量，即为香菇含水分的重量。

计算公式：

$$含水量（\%）= \frac{烘前样品重量-烘后样品重量}{烘前样品重量} \times 100$$

鲜菇脱水烘干后的实得率为 10∶1，即 10 千克鲜菇得干品 1 千克。但烘干不宜过度，否则易烤焦或破碎，影响质量。如果是剪柄的鲜菇，其实得率冬季为 14∶1、春季为 15∶1。

2. 特种菇的加工

特种菇是指通过特种工具人为加工制作而成梅花、菱形、方粒、丝条菇柄等不同形状的一种既有观赏价值，又方便烹调的香菇，这是近年来根据日本、新加坡及我国香港地区等地客户要求而开发的新品种。

这些特种菇的加工，原料多采用春季薄菇，通过模型压制或机械和手工切制而成。如加工菱形菇是把一朵鲜菇切成 4 块，然后脱水烘干；梅花菇是采用白铁皮制成梅花形的模具，在一朵鲜香菇正中用模块按压成形，菇边和菇脚另作加工处理。菇粒、菇丝通过机械切形加工，然后通过脱水烘干为成品。

3. 干菇包装贮藏与运输要求

香菇干品吸潮力很强，经过脱水加工的干品，如果包装、贮藏条件不好，极易回潮，发生霉变及虫害，造成商品价值下降和经济损失。为此，必须把好贮藏保管和运输最后一关。

（1）检测

凡准备入仓贮藏保管的香菇，必须检测干度是否符合规定标准，干度不足一经贮藏会引起霉烂变质。如发现干度不足，进仓前还要置于脱水烘干机内，经过 $50\sim55℃$ 烘干 $1\sim2$ 小时，达标后再入库。

（2）包装

香菇干品出口包装应执行 NY/T658《绿色食品　包装通用准则》。鲜菇脱水烘干后，应立即装入双层塑料袋内，袋口缚紧，不让透气。包装前严格检查，所有包装品应干燥、清洁，无破裂，无虫蛀，无异味，无其他不卫生的夹杂物。按照出口要求规格，用透明塑料包装，每袋装 3 千克，用抽真空封口。外用瓦楞纸包装箱，纸箱材质应符合 GB6543 规定，箱体规格 66 厘米×44 厘米×57 厘米，箱内衬塑料薄膜，每箱装 $5\sim6$ 袋。

包装标识应符合 GB/T191 和 GB7718 规定，内容包括产品名称、等级、规格、产品标准化、生产者、产地、净含量和生产日期等，字迹应清楚、完整、准确。外包装（箱、筐）应牢固、干燥、清洁、无异味、无毒，便于装卸、仓储和运输。内包装材料卫生指标应符合 GB9687 和 GB9688 规定。每批报验的香菇，其包装规格、单位净含量应一致。通过逐件称量抽样的样品，每件的净含量不应低于包装标识的净含量。

（3）贮藏

贮藏仓库强调专用，不能与有异味的、化学活性强的、有毒性的、易氧性的、返潮的商品混合贮藏。库房以设在阴凉干燥的楼上为宜，配有遮阴和降温设备。进仓前仓库必须进行清洗，晾干后消毒。用气雾消毒盒，每立方米 3 克，进行气化消毒。库房内相对湿度不超过 70％，可在房内放 1～2 袋石灰粉吸潮。库内温度以不超过 25℃为好。度夏需转移至 5℃左右保鲜库内保管，1～2 年内色泽仍然不变。香菇在贮藏期间，常见虫害有谷蛾、锯谷盗、出尾虫、拟谷盗等。

预防办法：首先要搞好仓库清洁卫生工作，清理杂物、废料，定期通风、透光，贮藏前进行熏蒸消毒，消除虫源。同时要保持香菇干燥，不受潮湿。定期检查，若发现受潮霉变或虫害等，应及时采取复烘干燥处理，即将香菇置于 50～55℃烘干机内烘干 1～2 小时。

（4）运输

运输时轻装、轻卸，避免机械损伤。运输工具要清洁、卫生、无污物、无杂物。运输时防日晒、防雨淋，不可裸露运输。不得与有毒有害物品、鲜活动物混装混运，以保持产品的良好品质。

第七章

香菇绿色产品等级标准及认证

一、绿色产品等级标准

我国香菇产品等级规格标准，执行中华人民共和国供销社行业标准 GH/T1013—2015《香菇》。具体规格指标见表 7-1～表 7-4。

表 7-1　干、鲜菇规格指标

项目	要求		
	小	中	大
干香菇，直径（厘米）	＜3.0	3.0～5.0	＞5.0
鲜香菇，直径（厘米）	＜4.0	4.0～6.0	＞6.0

表 7-2　花菇感观指标

项目	要求		
	特级	一级	二级
颜色	菌盖龟裂花纹呈白色，菌褶淡黄色	菌盖龟裂花纹白，菌褶黄色	菌盖龟裂花纹茶色或棕褐色，菌褶深黄色
厚薄（厘米）	≥0.5		≥0.3
形状	扁半球形稍平展或成伞形规整		扁半球形稍平展或伞形
开伞度（分）	≤6	≤7	≤8
气味	香菇特有香味，无异味		

Continued

续表

项目	要求		
	特级	一级	二级
裂盖、残缺菇（%）	≤1.0	≤1.0	≤1.0
碎菇体（%）	≤0.5	≤0.5	≤1.0
褐色菌褶、虫孔菇（%）	≤1.0	≤1.0	≤3.0
杂质（%）	≤0.2	≤0.2	≤0.5
异物	不允许混入霉变菇、活虫体、动物毛发和排泄物、金属物、矿物质及其他异物		

表7-3　厚菇感观指标

项目	要求		
	特级	一级	二级
颜色	菌盖淡褐色至褐色，菌褶淡黄色	菌盖淡褐色至褐色，菌褶黄色	菌盖淡褐色至褐色，菌褶深黄色
厚薄（厘米）	≥0.5		≥0.4
形状	扁半球形稍平展或成伞形规整		扁半球形稍平展或伞形
开伞度（分）	≤6	≤7	≤8～9
气味	香菇特有香味，无异味		
裂盖、残缺菇（%）	≤1.0	≤2.0	≤3.0
碎菇体（%）	≤0.5	≤0.5	≤1.0
褐色菌褶、虫孔菇（%）	≤1.0	≤1.0	≤3.0
杂质（%）	≤1.0	≤1.0	≤1.0
异物	不允许混入霉变菇，活虫体，动物毛发和排泄物、金属物、矿物质及其他异物		

164

表 7-4 薄菇感观指标

项目	要求		
	特级	一级	二级
颜色	菌盖淡褐色至褐色，菌褶淡黄色	菌盖淡褐色至褐色，菌褶黄色	菌盖淡褐色至褐色，菌褶深黄色
厚薄（厘米）	$\geqslant$0.3		$\geqslant$0.2
形状	近扁半球形稍平展规整		近扁半球形稍平展
开伞度（分）	$\leqslant$7	$\leqslant$8	$\leqslant$9
气味	香菇特有香味，无异味		
裂盖、残缺菇（%）	$\leqslant$1.0	$\leqslant$2.0	$\leqslant$3.0
碎菇体（%）	$\leqslant$0.5	$\leqslant$0.5	$\leqslant$1.0
褐色菌褶、虫孔菇（%）	$\leqslant$1.0	$\leqslant$2.0	$\leqslant$3.0
杂质（%）	$\leqslant$1.0	$\leqslant$1.0	$\leqslant$1.0
异物	不允许混入霉变菇、活虫体、动物毛发和排泄物、金属物、矿物质及其他异物		

二、绿色产品质量标准

香菇绿色产品质量标准，执行农业行业标准 NY/T 749—2018《绿色食品 食用菌》，见表 7-5～表 7-7。

1. 感观指标

感观指标见表 7-5。

表 7-5　　感观指标

项目	要求		
	鲜品	干品	食用菌粉
外观形状	菇形正常，饱满有弹性，大小一致	菇形正常，或菇片均匀，或菌颗粒粗细均匀，或压缩食用菌块状规整	呈疏松状，菌粉粗细均匀
色泽、气味	具有该食用菌固有色泽和特有香味，无酸、臭、霉变、焦煳等异味		
杂质	无肉眼可见外来异物（包括杂菌）		
破损菇（%）	≤5	≤10（压缩品残缺块≤8）	
虫蛀菇	无		
霉烂菇	无		

2. 理化指标

理化指标见表 7-6。

表 7-6　　理化指标

项目	指　标（毫克/千克）		
	鲜品	干品	食用菌粉
水分（%）	≤90（花菇≤86）	≤12.0（冻干品≤6.0）（香菇≤13.0）	≤9.0
灰分（以干基计，%）		≤8.0	
干湿比	—	1∶（7~10）	—

3. 卫生指标

依据 NY/T749—2018《绿色食品 食用菌》标准中规定，必须检验的项目见表 7-7。

表 7-7 绿色食品食用菌污染物和农药残留指标

项 目	指 标（毫克/千克）	
	鲜品	干品（含食用菌粉）
总砷	≤0.5	≤1.0
铅	≤1.0	≤2.0
总汞	≤0.1	≤0.2
氯菊酯	≤0.1	
氰戊菊酯和 S-氰戊菊酯	≤0.2	
腐霉剂	≤5	
除虫脲	≤0.3	
甲基阿维菌素苯甲酸盐	≤0.02	
代森锰锌	≤1	
噻菌灵	≤5	

三、香菇绿色产品认证

1. 申请绿色产品认证提交材料

香菇申请绿色食品认证，应提供以下材料：

①企业的申请报告。

②绿色食品标志使用申请书（一式两份）。

③企业及生产情况调查表。

④农业环境质量监测报告及农业环境质量现状评价

报告。

⑤省级委托管理机构考察报告及企业情况调查表。

⑥产品执行标准。

⑦产品及产品原料种植（养殖）技术规程，加工技术规程。

⑧企业营业执照（复印件），商标注册（复印件）。

⑨企业质量管理手册。

⑩加工产品的现用包装样式及产品标签。

⑪原料购销合同（原件，购销发票复印件）。

2. 绿色产品认证程序

绿色食品认证程序，见图 7-1。

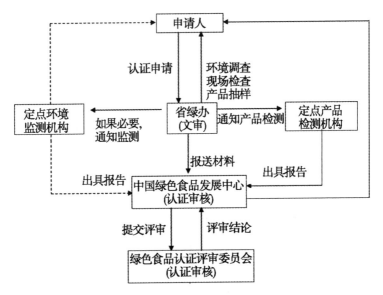

图 7-1　绿色食品认证程序图

四、绿色产品标志与使用管理

1. 绿色产品标志图案

经过认证的绿色食品，由中国绿色食品发展中心发给统一的绿色食品标志。绿色食品标志由三部分构成，即上方的太阳、下方的叶片和中心的蓓蕾。标志为正圆形，意为保护。整个图形描绘了一幅明媚阳光照耀下的和谐生机，告诉人们绿色食品正是出自纯净、良好

图7-2　绿色食品标志图案

生态环境的安全无污染食品，能给人们带来蓬勃的生命力。绿色食品标志还提醒人们要保护环境，通过改善人与环境的关系，创造自然界新的和谐（图 7-2）。绿色食品标志作为一种特定产品质量的证明商标，其商标专用权受《中华人民共和国商标法》保护。

2. 绿色产品标志使用

绿色食品的质量保证，涉及国家利益，也涉及消费者的利益，全社会都应该从这个利益出发，加强对绿色食品的质量及标志正确使用的监督、管理。根据农业农村部印发的《绿色食品标志管理办法》的规定，生产企业取得绿色食品标志使用权的产品，在使用绿色食品标志时，必须严格按照《绿色食品标志设计标准手册》的规范要求正确设计，并经中国绿色食品发展中心审定。使用绿色食品标

志的单位和个人，须严格履行"绿色食品标志使用协议"。绿色食品产品出厂时，须印刷专门标签，其内容除必须符合 NY/T749—2018《绿色食品　食用菌》标准外，还应标明主要原料产地的环境、产品的卫生及质量等主要指标。

3. 绿色产品标志管理

绿色食品标志是一种质量证明商标，使用时必须遵守《中华人民共和国商标法》的规定，一切假冒、伪造或使用与该标志近似的标志，均属违法行为，各级市场监管部门均有权依据有关法律和条例予以处罚。中国绿色食品发展中心是代表国家管理绿色食品事业发展的唯一权力机构，并依照《绿色食品标志管理办法》对标志的申请、资格审查、标志颁发及使用等进行全面管理。绿色食品发展中心在全国范围内设立的食品监测网，及各地绿色食品办公室委托的环保机构形成的监测网，对绿色食品生态环境及产品质量进行技术性监督管理。

主要参考文献

［1］黄年来．中国食用菌百科［M］．北京：中国农业出版社，1993.

［2］黄年来，林志彬，陈国良，等．中国食药用菌［M］．上海：上海科学技术文献出版社，2010.

［3］卯晓岚．中国大型真菌［M］．郑州：河南科学技术出版社，2000.

［4］丁湖广．四季种菇新技术疑难题300解［M］．北京：中国农业出版社，1992.

［5］王柏松，梁枝荣，江日仁．中国北方香菇栽培［M］．太原：山西高校联合出版社，1992.

［6］吴学谦，黄志龙，魏海龙．香菇无公害生产技术［M］．北京：中国农业出版社，2003.

［7］张金霞．食用菌安全优质生产技术［M］．北京：中国农业出版社，2003.

［8］丁湖广，丁荣辉．怎样提高香菇种植效益［M］．北京：金盾出版社，2008.

［9］丁湖广，丁荣峰．香菇标准化生产技术［M］．北京：金盾出版社，2012.

［10］曹德宾．有机食用菌安全生产技术指南［M］．北京：中国农业出版社，2012.

［11］丁湖广．食用菌菌种规范化生产技术问答［M］．北京：金盾出版社，2012.

［12］余养健，涂改临，黄贺．食用菌绿色栽培10项关键技术［M］．北京：金盾出版社，2013.

图书在版编目（CIP）数据

香菇绿色高优栽培新技术 / 戴祖进，倪玉善主编.
—福州：福建科学技术出版社，2019.9
ISBN 978-7-5335-5935-9

Ⅰ.①香… Ⅱ.①戴… ②倪… Ⅲ.①香菇－蔬菜园艺 Ⅳ.① S646.1

中国版本图书馆 CIP 数据核字（2019）第 142083 号

书 名	香菇绿色高优栽培新技术
主 编	戴祖进　倪玉善
出版发行	福建科学技术出版社
社 址	福州市东水路 76 号（邮编 350001）
网 址	www.fjstp.com
经 销	福建新华发行（集团）有限责任公司
印 刷	福州华彩印务有限公司
开 本	889 毫米 ×1194 毫米　1 / 32
印 张	5.5
插 页	16
字 数	124 千字
版 次	2019 年 9 月第 1 版
印 次	2019 年 9 月第 1 次印刷
书 号	ISBN 978-7-5335-5935-9
定 价	19.80 元

书中如有印装质量问题，可直接向本社调换